| 紫红 | 深红 | 宝石红 | 砖红 | 棕红 |

图3-2　红葡萄酒的颜色

| 禾秆黄色 | 绿禾秆黄色 | 暗黄色 | 金黄色 | 琥珀黄色 |

图3-3　白葡萄酒的颜色

| 黄玫瑰红 | 橙玫瑰红 | 玫瑰红 | 橙红 | 紫玫瑰红 |

图3-4　桃红葡萄酒的颜色

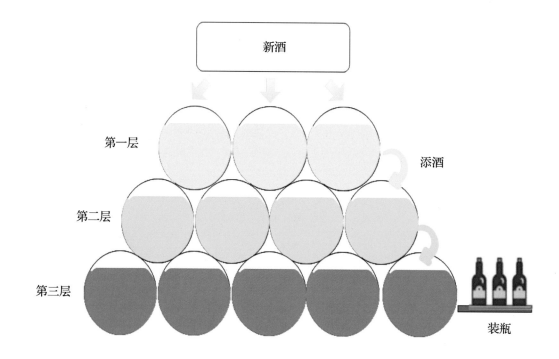

图6-9　Solera陈酿系统示意图

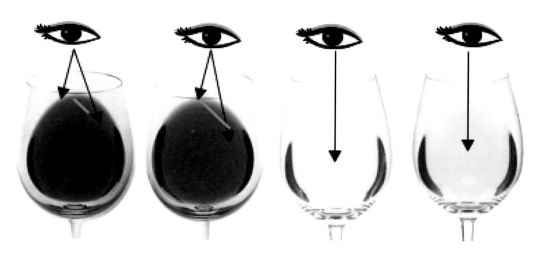

图7-15　葡萄酒颜色的观察角度

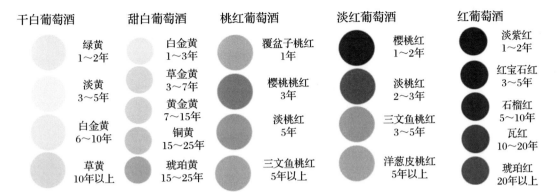

图7-16　不同陈年时间的波尔多葡萄酒的色调

图10-3　葡萄酒颜色随时间的变化

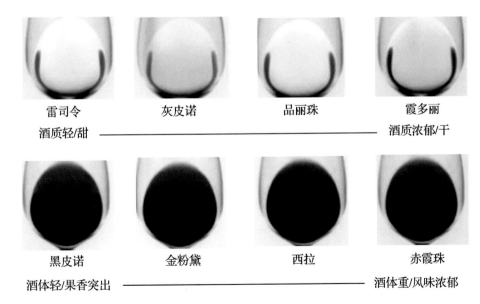

图10-4　不同葡萄品种对应的葡萄酒颜色

发霉的木塞

图10-11　发霉的木塞

图10-12　天然软木塞（左）、高分子合成塞（中）、碎木塞（右）

葡萄酒文化与鉴赏

主　编　师俊玲

副主编　蒋春美　何　非　赵　育

西北工业大学出版社

西安

【内容简介】 本书共分为十章。第一章是酒与酒文化，包含了酒的分类与中国酒文化等内容。第二章是葡萄酒文化，包含了葡萄酒的起源与代表性发展时期及中国葡萄酒的起源与发展等内容。第三章是葡萄酒与人体健康，包含了葡萄酒的种类、主要成分及其对人体健康的影响，以及葡萄酒的正确饮用等内容。第四章是静态葡萄酒，包含了静态葡萄酒的颜色、风味、口感的来源与影响因素等内容。第五章是起泡葡萄酒，包含了起泡葡萄酒的定义与酿造工艺及香槟等内容。第六章是其他葡萄酒，包含了蒸馏型葡萄酒、加强型葡萄酒、高甜度葡萄酒等内容。第七章是葡萄酒品鉴礼仪与方法，包含了葡萄酒相关职业、葡萄酒品鉴相关礼仪，以及葡萄酒与餐食搭配等内容。第八章是影响葡萄酒质量与特点的主要因素，包含了酿酒用红葡萄品种和白葡萄品种及其特点等内容。第九章是国内外主要葡萄酒产区，包含了法国葡萄酒、世界其他国家葡萄酒及中国主要葡萄酒产区等内容。第十章是葡萄酒真伪与优劣的判断，包含了葡萄酒伪劣的主要类型、评判葡萄酒真假的主要指标等内容。

本书可作为高等院校对大学生进行文化素质教育的公共选修课教材，也可供相关专业的教师和学生使用。

图书在版编目（CIP）数据

葡萄酒文化与鉴赏 / 师俊玲主编 . — 西安：西北工业大学出版社，2022.12
ISBN 978-7-5612-8611-1

Ⅰ . ①葡… Ⅱ . ①师… Ⅲ . ①葡萄酒−基本知识 Ⅳ . ① TS262.6

中国版本图书馆 CIP 数据核字（2022）第 254384 号

PUTAOJIU WENHUA YU JIANSHANG
葡萄酒文化与鉴赏
师俊玲 主编

责任编辑：胡莉巾 倪瑞娜		策划编辑：张 炜	
责任校对：胡莉巾		装帧设计：李 飞	
出版发行：西北工业大学出版社			
通信地址：西安市友谊西路 127 号		邮编：710072	
电 话：（029）88491757，88493844			
网 址：www.nwpup.com			
印 刷 者：西安五星印刷有限公司			
开 本：787 mm×1 092 mm		1/16	
印 张：11.5			
字 数：231 千字			
版 次：2022 年 12 月第 1 版		2022 年 12 月第 1 次印刷	
书 号：ISBN 978−7−5612−8611−1			
定 价：49.00 元			

如有印装问题请与出版社联系调换

《葡萄酒文化与鉴赏》编写人员

主　编　师俊玲

副主编　蒋春美　何　非　赵　育

主　审　刘延琳　西北农林科技大学

编　者　（按姓氏笔画排序）

师俊玲　西北工业大学

朱　静　信阳农林学院

李　想　西安醇臻美酒文化传播有限公司

何　非　中国农业大学

张珺瑜　西安醇臻美酒文化传播有限公司

张锦华　山西大学

陆　瑶　西北农林科技大学

陈东方　湘潭大学

陈志娜　淮南师范学院

邵东燕　西北工业大学

赵　育　陕西师范大学

蒋春美　西北工业大学

前　言

随着人们对身体健康和养生的重视程度提高，以及葡萄酒中功效成分的保健功能的不断揭示，葡萄酒越来越多地走进人民群众的日常生活，走进朋友宴请、公司集会等多种场合。如何正确地选酒、识酒、品酒已经成为葡萄酒爱好人士和饮用者面临的重要问题。

酒文化是中国传统文化的重要组成部分，是人们日常生活、社交礼仪、风俗习惯中非常重要的一部分。中国酒文化的核心是礼、德，这与侧重于酒品本身享受的葡萄酒文化有很大不同。如何将葡萄酒文化与中国酒文化有机融合，也是困扰人们的一个问题。

葡萄酒独具的层次感、多样性、复杂性等特点，以及品种间的巨大价格差异都增加了人们在购买葡萄酒时的选择难度。如何正确地判断一款葡萄酒的品质优劣与陈年潜力，是人们在选酒时面临的主要难点。

要解决这些问题，就需要普通民众在了解一定专业知识的基础上，灵活运用多种技能与手段，在短期内把自己培养成一位能够区分葡萄酒品质优劣的"行家"。本书是针对选修"葡萄酒文化与鉴赏"综合素养课的学生而编写的。笔者在内容选择和安排上，充分考虑到选课学生的实际需求与知识背景，将理论知识融入实际问题的解决与技能培训中，使学生能够在了解葡萄酒历史文化的基础上理解葡萄酒礼仪，相对透彻地理解葡萄酒品质与风味的形成机制与影响因素，掌握葡萄酒选择与品鉴的要点。

本书在内容的组织与展示方面尽量做到简单、明了、易读、易懂。比如：结合中国酒文化和代表性历史事件，对比性介绍葡萄酒文化与知识；结合酿造工艺、葡萄品种、产地、气候等因素对葡萄酒品质与特点的影响，讲解评判葡萄酒品质优劣的原理与方法；根据酒标、酒瓶、酒塞和葡萄酒特点反映的信息，评判葡萄酒优劣；结合饮酒目的，分类介绍选酒原则与方法。此外，本书还通过列表和框图的形式对每章的主要知识点进行概括与总结，方便学生在短时间内理解和掌握知识点之间的联系。

　　参加本书编写的人员均为长期从事葡萄酒文化研究和承担葡萄酒文化公共选修课教学的相关教师，以及在葡萄酒文化公司工作的讲师、经理，这使得本书内容结合实际，适应学生的学习特点。本书的具体编写分工：第一章由陈东方、何非、师俊玲编写，第二章由何非编写，第三章由陆瑶编写，第四章由朱静编写，第五章由陈志娜、张珺瑜编写，第六章由蒋春美、师俊玲编写，第七章由张珺瑜、邵东燕编写，第八章由张锦华、师俊玲编写，第九章由李想、师俊玲编写，第十章由赵育、邵东燕编写。本书由师俊玲统稿与修改补充，由刘延琳担任主审。

　　在编写本书的过程中，参考了大量的相关书籍和已发表的学术论文，以及部分网络资源在此向这些前辈和同行们表示衷心感谢。

　　由于水平有限，书中遗漏和不妥之处在所难免，期望读者不吝指正。

编　者

2022年9月

目　　录

第一章　酒与酒文化

　　酒是一种含酒精饮料。酒文化是中国传统文化的重要组成部分，包括物质文化和精神文化两个方面。作为物质文化，酒在经济发展中起着重要作用；作为精神文化，酒在社会、政治、生活、文学艺术等诸多方面都扮演着重要角色，遍及民风、民俗、饮食烹饪、文学艺术创作等领域。

第一节　酒的分类

　　酒是指酒精含量在0.5%（体积分数）以上的含酒精饮料。根据GB/T 17204—2021《饮料酒术语和分类》，可以按照生产工艺将酒分为发酵酒、蒸馏酒、配制酒三大类。

一、发酵酒

　　GB/T 17204—2021《饮料酒术语和分类》规定，发酵酒（酿造酒）是指以粮谷、薯类、水果、乳类等为主要原料，经发酵或部分发酵酿制而成的饮料酒。这类酒的酒精度较低（一般小于24%），刺激性小，营养成分含量高，如啤酒、黄酒、葡萄酒、果酒（发酵型）、奶酒（发酵型）及其他发酵酒。各类代表性的酒种及其定义如图1-1所示。

二、蒸馏酒

　　蒸馏酒是指以粮谷、薯类、水果、乳类等为主要原料，经发酵、蒸馏，经或不经勾调而成的饮料酒。这类酒的酒精度较高（一般为18%～60%），刺激性较强，其他固形物含量极少。与发酵酒相比，蒸馏酒的生产工艺中多了一道蒸馏工序。白酒、白兰地、威士忌、伏特加、朗姆酒和金酒被称为世界六大蒸馏酒，它们的定义可总结如图1-2所示。

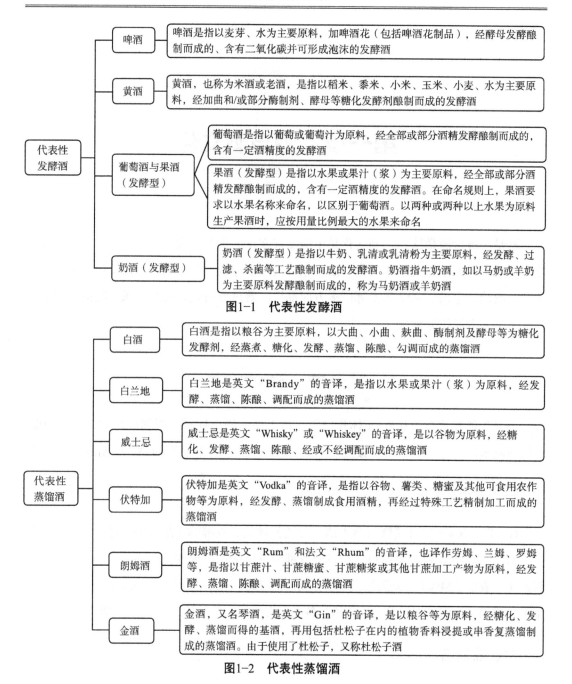

图1-1 代表性发酵酒

（啤酒）啤酒是指以麦芽、水为主要原料，加啤酒花（包括啤酒花制品），经酵母发酵酿制而成的、含有二氧化碳并可形成泡沫的发酵酒

（黄酒）黄酒，也称为米酒或老酒，是指以稻米、黍米、小米、玉米、小麦、水为主要原料，经加曲和/或部分酶制剂、酵母等糖化发酵剂酿制而成的发酵酒

（葡萄酒与果酒（发酵型））葡萄酒是指以葡萄或葡萄汁为原料，经全部或部分酒精发酵酿制而成的，含有一定酒精度的发酵酒

果酒（发酵型）是指以水果或果汁（浆）为主要原料，经全部或部分酒精发酵酿制而成的，含有一定酒精度的发酵酒。在命名规则上，果酒要求以水果名称来命名，以区别于葡萄酒。以两种或两种以上水果为原料生产果酒时，应按用量比例最大的水果来命名

（奶酒（发酵型））奶酒（发酵型）是指以牛奶、乳清或乳清粉为主要原料，经发酵、过滤、杀菌等工艺酿制而成的发酵酒。奶酒指牛奶酒，如以马奶或羊奶为主要原料发酵酿制而成的，称为马奶酒或羊奶酒

图1-2 代表性蒸馏酒

（白酒）白酒是指以粮谷为主要原料，以大曲、小曲、麸曲、酶制剂及酵母等为糖化发酵剂，经蒸煮、糖化、发酵、蒸馏、陈酿、勾调而成的蒸馏酒

（白兰地）白兰地是英文"Brandy"的音译，是指以水果或果汁（浆）为原料，经发酵、蒸馏、陈酿、调配而成的蒸馏酒

（威士忌）威士忌是英文"Whisky"或"Whiskey"的音译，是以谷物为原料，经糖化、发酵、蒸馏、陈酿、经或不经调配而成的蒸馏酒

（伏特加）伏特加是英文"Vodka"的音译，是指以谷物、薯类、糖蜜及其他可食用农作物等为原料，经发酵、蒸馏制成食用酒精，再经过特殊工艺精制加工而成的蒸馏酒

（朗姆酒）朗姆酒是英文"Rum"和法文"Rhum"的音译，也译作劳姆、兰姆、罗姆等，是指以甘蔗汁、甘蔗糖蜜、甘蔗糖浆或其他甘蔗加工产物为原料，经发酵、蒸馏、陈酿、调配而成的蒸馏酒

（金酒）金酒，又名琴酒，是英文"Gin"的音译，是以粮谷等为原料，经糖化、发酵、蒸馏而得的基酒，再用包括杜松子在内的植物香料浸提或串香复蒸馏制成的蒸馏酒。由于使用了杜松子，又称杜松子酒

其中，白酒是以曲类为糖化发酵剂，经固态发酵、固态蒸馏而成，而威士忌、伏特加、金酒等蒸馏酒多以麦芽为糖化剂、酵母为发酵剂，经液态发酵、液态蒸馏而成。

三、配制酒

配制酒是指以发酵酒、蒸馏酒、食用酒精等为酒基，加入可食用的原辅料和/或食品

添加剂，进行调配和/或再加工制成的饮料酒。按照成分不同，可分为植物类、动物类、动植物类和其他类配制酒，如竹叶青酒、参茸酒等。按照酒基不同，可分为发酵酒酒基配制酒、蒸馏酒酒基配制酒。

这类酒的外观清亮透明，具有本产品固有色泽，具有相应植物或动物的香气和酒香，香气和谐纯正，通常含有一定量的糖分、色素和固形物。不同配制酒的酒精含量差别较大，可处于4%～60%的范围内。

四、葡萄酒的分类地位

葡萄酒属于发酵酒，而白兰地则是葡萄酒经进一步加工而成的蒸馏酒。这里需要说明的是，以葡萄或葡萄汁为原料生产的蒸馏酒简称为白兰地，而以其他水果为原料生产的蒸馏酒，则在白兰地前面冠以水果名称。

根据国际葡萄与葡萄酒组织（Organisation Internationale de la Vigne et du vin，OIV）规定，葡萄酒是指以破碎或者未破碎的鲜葡萄或葡萄汁，经全部或部分进行发酵酿制而成的一种含酒精饮料，它的酒精度一般不能低于8.5%。中国的相关国家标准规定，葡萄酒的酒精度不低于7%。

针对每种酒的生产环境、生产工艺和产品质量，我国都制定了严格的国家标准。其中与葡萄酒相关的卫生与安全标准有22个，与产品质量相关的标准有14个，与产品质量检测方法相关的标准有6个，与产品包装相关的标准有5个，对于产品的标识标签也有严格的标准规定。GB/T 15037—2006《葡萄酒》规定了葡萄酒的术语和定义、产品分类、要求、分析方法、检测规则、标志、包装、运输、储存等；GB 12696—2016《食品安全国家标准发酵酒及其配制酒生产卫生规范》则对发酵酒及其配制酒的生产卫生规范进行了严格规定，包括生产厂家应该具备的原料采购、加工、包装、储存、运输等环节的场所、设施、人员的基本要求和相关管理准则等。

第二节　中国酒文化

一、酒文化的定义

广义上的酒文化是指酒在生产、销售、消费过程中所产生的物质文化和精神文化的总称，包括酒的制法、饮法、作用、历史等。酒文化既包括酒的形态和经济发展等物质文化，也包含饮酒过程中形成的精神文化，如社会、政治、生活、文学艺术、人生态度、审美情趣等，即制酒、饮酒活动中形成的特定文化形态。

狭义上的酒文化是指饮酒的礼节、风俗、精神，以及饮酒的意识等。酒文化可以分为两种：健康的酒文化和颓废的酒文化。

健康的酒文化讲究"礼""德"，是节制的、优雅的，包括从酒的酿造、贮藏、运输，到酒的饮用、品鉴、欣赏、赞美、真爱等一系列活动与行为。例如，以酒助兴、以酒做雅诗、以酒会友等，都属于健康的酒文化。

颓废的酒文化则宣扬奢侈、提倡放纵、催生贪婪等不良社会风气。从夏朝的末代君主到商纣王，从古代罗马帝国到苏联的解体等因酒亡国的案例，都属于颓废的酒文化。

在我国古代，酒被视为神圣之物，只有帝王将相才能在平时饮酒，平常人家只能在祭祀天地、祭宗庙、招待佳宾时饮酒。美酒配佳肴是招待贵宾的高级礼节。如今，酒已经成为普通家庭的常见之物，酒的种类也由最初的黄酒发展为现在丰富多彩的酒种与品牌。每个民族独特而丰富多彩的饮酒习俗，形成了我国丰富的酒文化。

二、酒文化的主要内容

1.中国酒文化的核心

我们国家地域辽阔，民族众多，不同地方的饮酒礼仪各不相同，这些因素形成了中国酒文化的多样性。虽然有这么多差异，但中国酒文化的共同点和核心都是礼和德。从酒宴上长幼有序，到民风民俗中的酒事活动，以及伴随着饮酒涌现出的大量的诗词歌赋，都是中国酒文化的体现。房陵黄酒的"封疆御酒""帝封皇酒"等称谓，则是封建帝王利用黄酒来分封土地的代表，是酒文化在政治方面的体现。

2.中国酒文化的主要内容

（1）酒与经济发展。在我国传统农业经济中，只有粮食有剩余时才会用来酿酒。酒业的兴衰在一定程度上反映了人们生活水平的高低。始于汉武帝时期的酒类专卖和酒税征收，则是国家补充国库的重要手段。酒在经济发展中占有重要地位。

（2）酒与政治。饮酒与政治间的关系微妙。我国历史上发生过多起通过饮酒实现政权变更、推动政治变革的故事，其中以宋太祖赵匡胤的"杯酒释兵权"最为有名。

（3）酒与健康。在中药中，酒是很多方剂的药引，具有活血化瘀等治病、健身功效。

（4）酒与礼仪。对于酒桌上的座次安排、斟酒与敬酒顺序、能否饮酒等都有一定礼仪。酒桌上的座次安排与敬酒礼仪是中国酒文化中"尊老爱幼、长幼有序"等礼、德的重要体现。具体表现如下。

尊老爱幼：家庭聚会时，辈分最高、年龄最长的人坐在面向门口的位子；朋友聚会时，请客的人坐在面向门口的位子，或者请客的人把此位让给职位高、德高望重的人；长辈请客，需要指派一个人坐在靠近门口的位子，负责招待工作；晚辈请客，请客的人坐在靠近门口的位子。

尚左尊东：国内一般遵循"尚左尊东"的原则，面朝大门为尊；圆桌中，正对大门，或者面东一侧的右席为主位；主位左右两边，越靠近主位越尊贵，相同距离则左侧尊于右侧。但是，国际事务中通常遵循"右为尊，左为次"的原则。

倒酒与敬酒：小辈应主动为长辈倒酒，到可以喝酒的年龄后，应该在向辈份比自己高的人敬完酒以后，主动向所有长辈敬酒，敬酒次序由长到幼；敬酒时双手举杯，自己的杯口低于长辈。

（5）饮酒方法。酒的饮用方法是酒文化的重要内容。例如，黄酒可以带糟饮用，也可以只取其汁液饮用，隔水加热至35～45 ℃后饮用较佳。曹操与刘备"青梅煮酒论英雄"，关羽"温酒斩华雄"等故事都是黄酒需要加热后饮用的例证。

（6）酒与菜食搭配。酒种与菜品间的正确搭配也是中国酒文化的重要内容。例如：干型元红黄酒搭配蔬菜、海蜇皮等冷盘；半干型加饭酒适合搭配肉类、大闸蟹；半甜型三江酒适合搭配鸡、鸭肉类；甜型香雪酒则适合搭配甜菜类。

（7）酒令。酒令是中国酒文化的重要组成部分，正所谓"杯小乾坤大，壶中日月长"。酒令可以分为俗令和雅令，例如，猜拳为俗令，文字令为雅令。自古流传下来的酒令内容和相关规则都是中国酒文化的重要内容。

以上中国酒文化的主要内容可总结如图1-3所示。

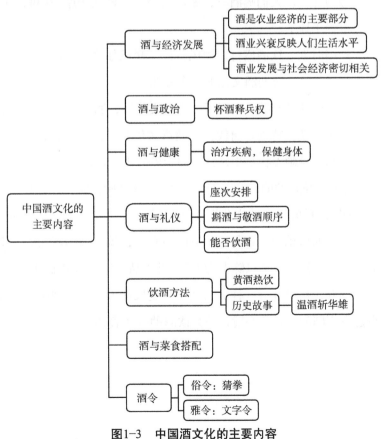

图1-3　中国酒文化的主要内容

三、中国酒文化的起源与发展

中国酒文化的起源与发展过程可总结如图1-4所示。

关于酒的起源有三种说法：一是古猿造酒，始于史前社会；二是仪狄造酒，始于大禹治水时代；三是杜康造酒，始于夏朝。后两种说法常见于诗词，而第一种说法则更偏向于传说。

在不同的历史时期，酒文化有不同的呈现方式。

在夏商时，酿酒已经有一定的规模。商朝的酒文化是颓废的，"纣王造酒池可行船""酒池肉林"就是当时的写照。

至周朝时，重视"酒礼"与"酒德"，有了酒祭文化和酒仪文化。

春秋战国时期，什么人能喝什么酒，什么地位的人能用什么器皿喝酒，都有明确规定。通常是将酒盛于青铜器皿中，再用青铜勺取之，倒入青铜杯中饮用。

秦汉时期，开始出现"酒政文化"，将酒和政治管理联系起来，屡次实行禁酒。

东汉时期，张仲景开始将酒用于治疗疾病；东汉末年，酒文化由"以乐为本"转向"以悲为怀"。人们喝酒时，席地而坐，酒樽放于席地中间，内放取酒用的勺子，饮酒器具也置于地上。

三国时期，饮酒盛行，酒风彪悍、嗜酒如命，劝酒手段激烈，酒令如军令。张飞嗜酒成瘾就是这一时期酒文化的一个写照。

魏晋南北朝时期，出现了"酒财文化"，酒成为国家的财源之一。

隋唐时期，特别是唐代，"酒章文化"突出，饮酒必做文章，酒与诗歌、音乐、书法、美术、绘画等相融相兴，人们崇尚"美酒盛以贵器"。

宋代，强调酒的品牌与个性文化，金代开始有烧锅酒文化，元代出现了烧酒。

明清时期，"酒域文化"出现，流行专用酒，讲究在不同节日饮用不同酒种，例如，元日的椒柏酒，正月二十五的填仓酒，端午节的菖蒲酒，中秋节的桂花酒，重阳节的菊花酒。注重"酒以陈者为上"，讲酒品，崇尚饮酒器皿。

如今，饮酒成为一种社会文化，良辰佳节、客人到访、丧葬祭日、人生困顿、春风得意等不同的场合和心境，都会饮酒助兴或表达祈愿。

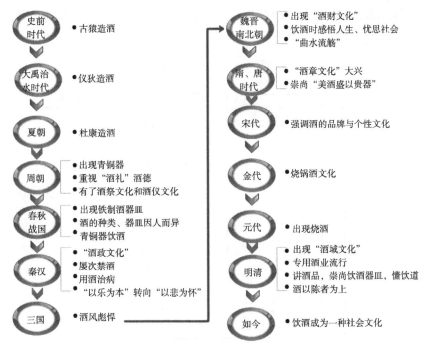

图1-4　中国酒文化的发展历史

四、中国历史上的禁酒事件

中国酒文化源远流长，在历史上发生过多次禁酒事件。禁酒原因各不相同，其中的代表性事件如图1-5所示。

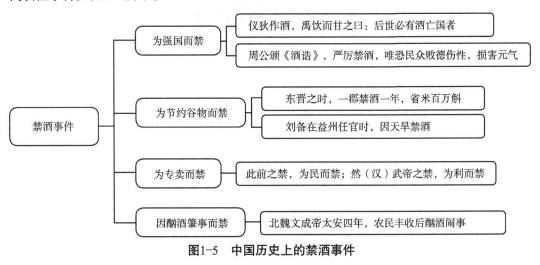

图1-5　中国历史上的禁酒事件

五、中西方酒文化的差异

中国酒文化的总体特点是，饮酒时讲究礼、德，注重对人的尊重，更看重饮酒的对象与饮酒的氛围。西方酒文化更侧重于对酒（主要是葡萄酒）本身的欣赏，为享受美酒而饮酒。两者在饮酒目的、饮酒礼仪、饮用酒种，以及饮酒时所用酒杯等方面都会有所不同，如图1-6所示。

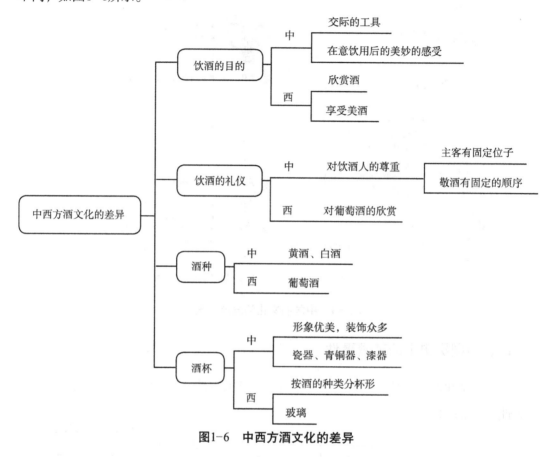

图1-6　中西方酒文化的差异

第二章　葡萄酒文化

第一节　概述

葡萄酒起源与发展相关的历史人物和事件，以及葡萄酒的贮藏条件、饮酒时相关礼仪，葡萄酒的品鉴方法与标准、葡萄酒相关的文化知识、不同种类的葡萄酒、饮酒的器皿（如开瓶器、酒杯、醒酒器等）、饮酒的顺序、餐食搭配等都是葡萄酒文化的重要内容。

一、葡萄酒的历史文化

从一定意义上讲，葡萄酒文化是伴随着西方殖民地扩张而发展起来的。殖民者在不断扩张的过程中，将葡萄种植和葡萄酒酿造技术传播至世界各地，经历的主要历史阶段如图2-1所示。

二、葡萄酒饮用器具

葡萄酒饮用器具主要有醒酒器、酒杯等。不同的酒种用不同的酒杯是葡萄酒文化的重要内容。即使同为红葡萄酒，来自不同产地，使用不同葡萄品种酿造的葡萄酒，均需使用不同的酒杯才能充分彰显出每款酒的内在魅力。

三、葡萄酒与餐食搭配

葡萄酒与餐食搭配也是葡萄酒文化的主要内容之一。正式的宴会和高档酒店通常会准备多种酒杯与刀叉，而且其摆放顺序都有一定规律和讲究，从而便于人们根据菜品的不同，搭配不同的葡萄酒。例如，正式的西餐晚宴通常有7道餐点，顺序依次是，汤、鱼、沙冰（或爽口饮料）、红肉或禽类主菜、沙拉、甜点、咖啡；对应的酒杯摆放顺序从外到内是香槟杯、白葡萄酒杯（搭配鱼肉）、红葡萄酒（搭配红肉或禽类主菜）。

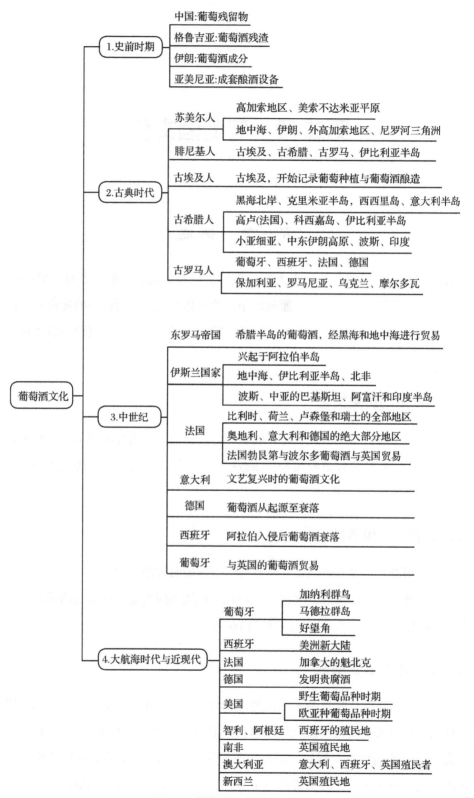

图2-1 葡萄酒文化的传播历程

四、西方酒文化的座位排序

西餐以右为上，女为尊。座次安排如图2-2所示。西餐桌一般为长方形，男女主人分别坐在距离最长的对面位置；重要女客人坐男主人右侧，重要男客人坐女主人右侧。同样位次，右侧高于左侧。这一点与中国酒文化相反。此外，女士和年长者通常坐在靠墙的位置，远离过道；有多位男士时，女士坐在男士中间。

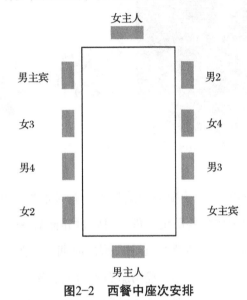

图2-2　西餐中座次安排

第二节　葡萄酒的起源与代表性发展时期概述

根据考古结果，葡萄在地球上的远祖可以溯源到5亿年前的攀岩类植物；距今1.3亿年至6700万年前出现了葡萄科植物，至距今6500万年的新生代第三季出现了葡萄属植物的叶片和种子，而且遍布古欧亚大陆北部和格陵兰岛西部。

受地质运动的影响，葡萄的先祖在不同大陆板块上进行了繁衍，形成今天的北美种群、欧亚种群和东亚种群。然而，第三季冰川导致了欧亚种群中大部分种已经绝迹，仅留欧亚种（Vitis vinifera）一个种。因此，狭义上的酿酒葡萄均属于欧亚种。相比之下，北美种群和东亚种群受冰川侵袭较轻，保留下来的种群较多。其中，北美种群有30余种（如美国的美洲种葡萄、沙地葡萄、河岸葡萄等），东亚种群有30余种（如我国的山葡萄、毛葡萄、刺葡萄等），如图2-3所示。但是，这些种群所酿葡萄酒的风味和风格与传统葡萄酒差异很大，并不属于狭义上的酿酒葡萄。

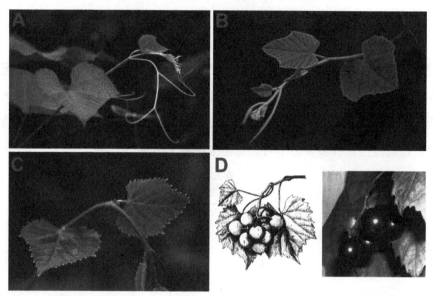

图2-3　野生种葡萄（A：山葡萄；B：毛葡萄；C：刺葡萄；D：圆叶葡萄）

随着酿酒葡萄栽培的发展，葡萄酒酿造技术和葡萄酒贸易也得到了不断地推广和发展。根据葡萄酒发展史上的重要历史事件，可将世界葡萄酒的发展分为史前时期、古典时代、中世纪、大航海时代及近现代几个典型的时期（见图2-4）。中国的葡萄酒则最早可追溯至公元前7000年左右，先后经历新石器时期、先秦、汉、唐、宋、元、明、清，以及近现代几个时期。以下分别对这些时期中发生的一些代表性事件和相关文化进行介绍。

图2-4　世界葡萄酒的发展时期

第三节　世界葡萄酒的起源——史前时期

大量考古发现证明，人类在公元前7000年至公元前3000年就已经开始酿造并饮用葡萄酒，但是并未形成真正的葡萄酒文明，这段时期一般被称作葡萄酒起源和发展的史前时期。揭示这一阶段的主要考古证据如图2-5所示。

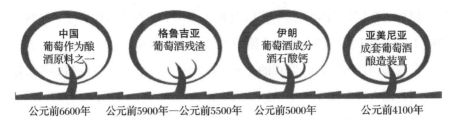

中国 葡萄作为酿酒原料之一	格鲁吉亚 葡萄酒残渣	伊朗 葡萄酒成分 酒石酸钙	亚美尼亚 成套葡萄酒 酿造装置
公元前6600年	公元前5900年—公元前5500年	公元前5000年	公元前4100年

图2-5　世界葡萄酒发展的史前时期

一、葡萄酒的发现与发展

　　人类酿造并饮用葡萄酒，既是自然选择的结果，也是人类进步的必然。葡萄果实表面和其生长环境中天然存在着许多野生酵母，特别是酿酒酵母。当成熟的葡萄果实离蔓落地时，富含糖分的果汁会接触到这些酵母，并在适当的条件下自发形成葡萄酒。当人类祖先偶然食用了这种经过发酵的葡萄果实时，就是对葡萄酒的早期发现；当人类有意识地将采集来的葡萄存放在土质、木质或石质的容器内，等待果实自然发酵后再食用时，就形成了最早的葡萄酒酿造；当人类在认识到葡萄酒发酵的根本原由，并不断尝试着去改进技术和产品质量时，专门的葡萄酒酿造就应运而生。

二、葡萄酒酿造和储存的考古发现

　　考古学家发现，葡萄酒酿造和储存遗迹广泛地分布于欧亚大陆各地，特别是大陆腹地的高加索地区。例如，在今天的格鲁吉亚境内发现的公元前5900年至公元前5500年的古代陶器内含有酒石酸等葡萄酒的常见成分；今天的亚美尼亚境内阿雷尼一处山洞中有许多公元前4100年的葡萄籽、葡萄皮渣和葡萄枝条，以及

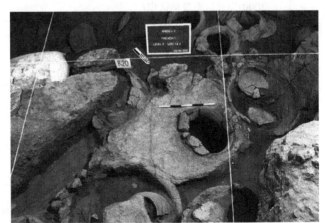

图2-6　今亚美尼亚的葡萄酒酿造场所遗迹

一些留有葡萄酒色素的土质容器，甚至包括压榨平台在内的成套葡萄酒酿造装置。这应该是考古发现全世界最早的葡萄酒酿造场所遗迹（见图2-6）。

　　正是通过人类上千年里的不断实践和积累，逐渐掌握了酿酒葡萄的栽培与葡萄酒

的酿造技术，从而为葡萄酒在欧、亚、非大陆乃至全世界的传播和发展都起到至关重要的作用。例如，在伊朗西南部扎格罗斯山北部的一个新石器时代村庄，发现了公元前5000年的陶土罐，其中留有酒石酸钙（葡萄酒酒石的主要成分之一）。

此外，在我国河南省安阳市发现的公元前6600年的容器中就有葡萄的残留物（葡萄单宁），说明我国人民在那个时期已经掌握了酒的制造方法。只不过当时所用的酿酒原料除了葡萄以外，还有稻米、蜂蜜、其他水果，算不上是真正的葡萄酒。这一记录比伊朗的葡萄酒证据早了1000多年，甚至早于高加索地区的相关证据。

第四节 世界葡萄酒的发展——古典时代

随着人类文明的逐渐发展和人类的迁徙，葡萄和葡萄酒在不同地区逐步得到发展。腓尼基人带动的葡萄酒贸易在这一发展过程起到了重要的桥梁作用，苏美尔人、古埃及人、古希腊人、古罗马人也在葡萄酒的发展中起着重要作用。他们在葡萄酒发展史上的主要贡献可总结如表2-1所示。

表2-1 葡萄酒发展的古典时代中相关人物及其贡献（国外部分）

人物	时间	主要贡献	代表性事件或人物
苏美尔人	公元前4000年—公元前3000年	（1）种植了葡萄； （2）创造了葡萄和葡萄酒的文字记录； （3）发展了人类对葡萄酒"风土"的最早认识； （4）促进了葡萄酒贸易	将葡萄酒水路运往波斯湾地区； 将葡萄酒陆路运往地中海沿岸的黎凡特地区，为腓尼基人将葡萄酒运往整个地中海奠定基础
	公元前18世纪	奠定了葡萄酒的经济地位	阿摩利人建立了古巴比伦王国； 第六代国王汉谟拉比规定了葡萄酒征缴税收、稳定价格和鼓励消费等方面的法典
	公元前16世纪	保留和发展了葡萄酒产业	赫梯人灭了古巴比伦王国
	公元前10世纪	扩大了葡萄酒的销售范围	亚述人消灭了赫梯人的国度； 西达到地中海，东到伊朗，北至外高加索地区，南至尼罗河三角洲
腓尼基人	公元前30世纪	初步奠定了葡萄酒旧世界生产国的版图	将葡萄酒及其生产技术带往地中海周边的古埃及、古希腊、古罗马，更远的伊比利亚半岛（今葡萄牙和西班牙）
	公元前7世纪	开创了葡萄酒酿造方面的研究工作	公元前8世纪，修建了迦太基城； 公元前7世纪，在北非建立迦太基帝国（今突尼斯部分地区），腓尼基人改称布匿人； 公元前146年，迦太基帝国成为古罗马的一个行省

续表

人物	时间	主要贡献	代表性事件或人物
古埃及人	公元前3000年—公元前5世纪	与腓尼基人进行葡萄酒贸易；自己种植葡萄和酿造葡萄酒	酿酒葡萄种植逐渐遍及整个尼罗河下游流域
	公元前2686年—公元前2181年	记录葡萄酒酿造或饮用的场面；重视葡萄酒的质量与监控	关注产区对葡萄酒的影响；详尽记录葡萄酒的生产和分配过程；发明了"酒标"，标注葡萄品种、产地、生产日期和作坊名称等信息
古希腊人	公元前2000年	葡萄酒进入基层民众生活，成为地中海饮食之一；创新和发展了葡萄酒酿造技术；开创了酒神的宗教庆典活动	推迟果实采摘时间，提高葡萄的糖分；通过添加水果或香料，获得独特的葡萄酒风味等
	公元前8世纪	扩大葡萄种植与葡萄酒酿造的传播范围	东起黑海北岸和克里米亚半岛，西至西西里岛和意大利半岛南部，到达高卢（今法国）南部的罗讷河、科西嘉岛和伊比利亚半岛
	公元前334年	（1）实现了葡萄酒横跨欧、亚、非三大洲的广泛传播；（2）商贸中心逐渐东移；（3）古希腊的葡萄酒文明停滞	亚历山大大帝开始东征；到达小亚细亚、中东及伊朗高原，统一希腊，征服埃及和波斯帝国，征战印度
古罗马人	公元前8世纪	（1）传承了古希腊的葡萄酒文化；（2）开发了葡萄酒的防病功能	征服了迦太基和古希腊；禁止普通民众对葡萄酒的肆意挥霍；酒吧出现
	公元前27年	（1）扩大了葡萄酒的生产范围；（2）发展了葡萄酒文化；（3）将葡萄酒产业推向欧洲内陆；（4）葡萄酒与基督教的融合	建立了古罗马帝国；葡萄牙、西班牙、法国、德国、保加利亚、罗马尼亚、乌克兰和摩尔多瓦；公元92年，逼迫高卢人摧毁了大部分葡萄园；葡萄酒的铅中毒事件
	公元394年	葡萄酒在欧亚大陆走向不同的道路	狄奥多西一世完成了帝国统一，终止了古奥运会，废止了古希腊的酒神庆典

一、苏美尔人

1.创造了葡萄和葡萄酒的文字记录

苏美尔人从高加索地区迁徙至两河流域的美索不达米亚平原，并成为这块土地上的最早定居者。他们自公元前4000年左右就开始种植农作物，至公元前3000年左右，栽培的作物已经多达10余种，其中就包括葡萄。葡萄主要用

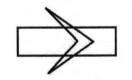

GEŠTIN，葡萄酒

图2-7 苏美尔人的楔形文字——葡萄酒

于鲜食，以及制作葡萄干、糖浆和酿造葡萄酒。苏美尔人还为葡萄和葡萄酒创造了楔形文字，自此便有了葡萄和葡萄酒的文字记录（见图2-7）。

苏美尔人还发展了人类对葡萄酒"风土"最早的认识。他们发现，北部山区葡萄园

产出的葡萄酒，在品质上往往优于南部平原地区的。

2.促进了葡萄酒贸易

苏美尔人在葡萄酒贸易中发挥了重要作用。在苏美尔人的货物清单中，葡萄酒属于贵重商品，主要供给社会的上层阶级，如贵族、官员和神职人员等。商人们通过水路运输，随幼发拉底河顺流而下，将葡萄酒销往东南方的波斯湾地区；通过陆路运输，将葡萄酒销往西方的地中海沿岸的黎凡特地区（今巴勒斯坦、以色列、黎巴嫩），再由当地的腓尼基人将其通过海路，销往整个地中海地区。

3.葡萄酒生产与贸易的传承

公元前18世纪（公元前1799年—公元前1700年），美索不达米亚平原西部的游牧民族阿摩利人通过几个世纪的征战，控制了整个两河流域，建立了古巴比伦王国。第六代国王汉谟拉比颁布的法典（共282条）有4条与葡萄酒有关，涉及征缴税收、稳定价格和鼓励消费等方面。说明葡萄酒产业是当时政府的重要经济来源。

公元前16世纪（公元前1599年—公元前1500年），平原西北部的赫梯人灭了古巴比伦王国，但保留和发展了葡萄酒产业。

公元前10世纪（公元前999年—公元前900年），亚述人战胜了赫梯人，建立了空前庞大的亚述帝国，其版图囊括了整个两河流域，向西达到地中海，向东比邻古艾兰国（今伊朗大部分地区），向北抵靠外高加索地区，向南掌握尼罗河三角洲。他们不断扩大葡萄种植面积和葡萄酒生产规模，将葡萄酒产业视为重要的经济命脉，相关税收可达国家收入的三分之二。他们还将葡萄酒向东销往波斯湾，甚至更远的东方。

苏美尔人在葡萄酒发展过程中起到的作用如图2-8所示。

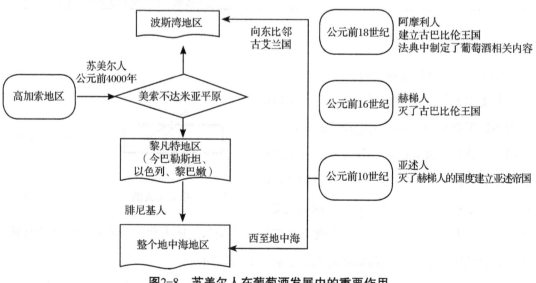

图2-8　苏美尔人在葡萄酒发展中的重要作用

二、腓尼基人

腓尼基人的故乡是黎凡特地区，地处爱琴海以东，紧邻西奈半岛，在美索不达米亚平原西侧，以"海上商业民族"著称。他们通过海上贸易，将来自两河流域的葡萄酒、葡萄枝条，以及葡萄栽培和葡萄酒酿造技术传播到周边地区。

1.初步奠定了葡萄酒旧世界生产国的版图

腓尼基人从事的葡萄酒贸易，可追溯至公元前30世纪（公元前2999年—公元前2900年）以前。起初，腓尼基人只是从事葡萄酒与葡萄枝条从两河流域至黎凡特地区的贸易工作；之后，腓尼基人开始在黎凡特地区发展自己的葡萄酒产业，并通过海上贸易和殖民，将葡萄酒及其生产技术带往地中海周边的古埃及、古希腊、古罗马，以及更远的伊比利亚半岛（今葡萄牙和西班牙），成就了葡萄酒文明史上的第一次跨区域的广泛传播，初步奠定了葡萄酒旧世界生产国的版图。

2.开创了葡萄酒酿造研究工作

公元前8世纪（公元前799年—公元前700年），腓尼基人占领了北非沿海地区，修建了著名的迦太基城；公元前7世纪（公元前699年—公元前600年），腓尼基人在与亚述人的战争中丢失了故土黎凡特，迁徙至北非殖民地，建立了新的家园——迦太基帝国（今突尼斯部分地区）。从此，腓尼基人被称为布匿人。

自建立迦太基帝国后，布匿人逐渐放弃了海上贸易，转而专注于发展农业与农学研究。古罗马著名学者瓦罗的著作《论农业》一书中，许多关于葡萄栽培和葡萄酒酿造的深入论述，就得益于布匿学者的研究成果。

至公元前146年，迦太基帝国在第三次布匿战争中被古罗马人征服，从此成为古罗马的一个行省，仍旧在葡萄酒的生产和供应方面发挥着重要作用。

三、古埃及人

1.葡萄酒贸易

公元前3000年左右，古埃及人通过与腓尼基人的贸易，获得了葡萄和葡萄酒。之后，在进口葡萄酒的同时，古埃及人开始在自己的土地上种植酿酒葡萄和酿造葡萄酒。至公元前5世纪（公元前499年—公元前400年），还有古埃及从古希腊大规模进口葡萄酒的相关记载。然而，这一阶段的大多数葡萄酒并非用于平民消费，而是属于贵族和神职人员专享的奢侈品，葡萄园和葡萄酒作坊也都归社会上层阶级所有。

2.葡萄酒酿造记录

古王国时期（约公元前2686年—公元前2181年）的金字塔等遗迹中，有29座陵墓的壁画上有葡萄酒酿造或饮用的场面。古埃及人十分重视葡萄酒的质量与监控，他们关注产区对葡萄酒的影响，将葡萄酒划分为五大类别；安排专门人员详尽记录葡萄酒的生产和分配过程；发明了世界上最早的"酒标"，并在酒罐上细致地标注葡萄酒的品种、产地、生产日期和作坊的名称等信息，与今天使用的酒标极为相似。

四、古希腊人

古希腊人于公元前2000年左右开始定居于爱琴海周边的小型海岸平原，并成立了大大小小的众多城邦。葡萄酒是地中海三食（面包、橄榄油、葡萄酒）之一，一直是希腊人的钟爱。

关于古希腊人的葡萄酒起源有两种说法：一是腓尼基人通过贸易将葡萄枝条和葡萄酒带到古希腊半岛；二是古希腊人在与腓尼基人接触之前就有了自己的葡萄酒生产和饮用历史。

1.创新和发展了葡萄酒酿造技术

最初，古希腊人采用与古埃及人相似的方法酿造葡萄酒，随后逐渐发展了自己的技术和风格。例如，通过推迟果实采摘时间提高葡萄的糖分；通过添加水果或香料获得独特的葡萄酒风味；等等。

2.使得葡萄酒进入基层民众生活

与古埃及人不同的是，古希腊人的葡萄酒消费并非仅局限于社会上层阶级，而是基层民众的日常饮品，只不过不同阶层消费葡萄酒的品质有所不同。因此，古希腊的葡萄酒文明是伴随着基层民众的日常生活发展起来的，深刻地影响了古希腊社会构成的方方面面。特别是在宗教方面，古希腊人信仰的酒神便是狄奥尼索斯。每年葡萄丰收的时候，古希腊人都会举办各种各样的宗教活动进行庆祝。

3.葡萄酒传播跨越欧、亚、非三大洲

公元前8世纪中叶，古希腊人将殖民地扩大至东起黑海北岸和克里米亚半岛，西至西西里岛和意大利半岛南部，甚至到达高卢（今法国）南部的罗讷河、科西嘉岛和伊比利亚半岛等地，在那里兴建了大量的葡萄园，并教授当地人酿造葡萄酒。

至公元前334年，亚历山大大帝率领马其顿军队开始了举世闻名的东征，先后征服了小亚细亚、中东及伊朗高原，统一希腊，占领了埃及全境，吞并了波斯帝国，转战中亚并南征印度，建立了横跨欧、亚、非三大洲的庞大帝国。葡萄酒作为东征期间的战略

必需品，传播至一个又一个被征服的地区。同时，随着古希腊版图的扩大，商贸中心逐渐东移，爱琴海地区的经济逐渐衰退，古希腊的葡萄酒文明也随之停滞不前。

五、古罗马人

古罗马文明起源于古希腊西方的亚平宁半岛，也称意大利半岛。公元前8世纪中叶，古罗马人建立了罗马城。随后几百年间，古罗马人在完成了对意大利半岛中南部的统一之后，通过武力征服了迦太基和古希腊，成为了一个地跨欧、亚、非三大洲的庞大国家。

1.传承了古希腊的葡萄酒文化

古罗马人对先进且繁荣的古希腊文明表现出了极大的推崇，除了保持使用原有的拉丁语外，几乎全盘吸收了古希腊文明，包括古希腊人所信仰的全部神祇，只是改换了名字。例如，古罗马神话中，将古希腊的酒神狄奥尼索斯称为巴克斯，艺术风格也有了改变。

与古希腊人对葡萄酒的疯狂饮用与大肆放纵不同，早期的古罗马统治者因为社会资源有限和对外战争紧迫，禁止了民众对葡萄酒的肆意挥霍。甚至在公元前186年，一度禁止酒神节等宗教祭祀仪式，直至古罗马共和国晚期，凯撒执政期间才将其合法化。这一时期，普通民众只有在执政者举办的大规模酒会或是狂欢时，才能喝上一些质量较好的葡萄酒。平时，虽然奴隶、平民、贵族都有饮用葡萄酒的权力，但是社会底层的人民只能喝到一些品质极其低劣的葡萄酒。此外，竞技场、神殿、图书馆和公共浴室周边也会遍布一些酒吧，提供一些高质量的葡萄酒。

2.开发了葡萄酒的防病功能

在连年征战的过程中，因为饮水不洁而生病成为最致命的因素。葡萄酒可以抑制大部分有害微生物的生长。通过饮用葡萄酒，不仅可以补充水分，获取热量，还能因酒精的作用，刺激将士们的战斗意志，有效地保障了军士们的身体健康。因此，葡萄酒已经成为当时军团出征的战略必需品。

3.扩大了葡萄酒的生产范围

公元前27年，元老院授予屋大维"奥古斯都"称号，古罗马文明由此进入帝国时代。伴随着古罗马军团征战的脚步，葡萄酒的征收和采购范围得到不断扩大，新的葡萄园和葡萄酒作坊也在不断建立。虽然古罗马人也想像古希腊人那样，在自己占领的土地上建立自己的葡萄园和酿造葡萄酒，但是早期的古罗马人无法在短时间内完全吸收和掌握古希腊的葡萄酒生产技术，酿出的葡萄酒品质远低于古希腊，甚至地中海其他产区的佳酿。大量的葡萄酒被酿成了葡萄醋，需要添加香料和药草来掩饰酒中令人无法接受的醋味。之后，古罗马人通过聘请、征招，甚至抓捕经验丰富、技术高超的古希腊酿酒师等方法，有效地提高了葡萄酒质量，也促使了古希腊葡萄酒文明在古罗马的融合与转化。

4.发展了葡萄酒文化

通过长期征战掠夺和积累的大量财富，使古罗马人的葡萄酒消费到达了顶峰。公元1世纪前后，整个古罗马帝国几乎每年要消费近1亿升的葡萄酒，平均每个古罗马人每天消费1升的葡萄酒。富足的古罗马贵族继承了古希腊的饮宴文化，几乎天天在罗马城里举办大型酒宴。活动常常从下午举办至深夜，甚至天亮。为了空出胃口来继续享受更多的美食和美酒，古罗马贵族甚至在宴会厅外专门建造了呕吐池。

5.将葡萄酒产业推向欧洲内陆

在庞大的需求下，古罗马人不仅在地中海沿岸建立了大量的葡萄园和酿酒作坊，还将葡萄酒产业推向了欧洲内陆地区，推广至今天的葡萄牙、西班牙、法国、德国、保加利亚、罗马尼亚、乌克兰和摩尔多瓦等国家和地区。公元92年，古罗马人为了保护亚平宁半岛的葡萄种植与葡萄酒酿造业，逼迫高卢人摧毁了大部分葡萄园；直至公元280年，罗马皇帝才下令恢复了葡萄的自由种植，葡萄酒产业也随之进入快速发展的重要时期。

6.葡萄酒的铅中毒事件

古罗马人对于葡萄酒的纵情狂欢，给罗马贵族们带来了毁灭性伤害。问题主要出在他们用来酿造和饮用葡萄酒的铅质器具上。这是因为古罗马人受古希腊文明的影响，也偏爱酒精度高的甜型葡萄酒。这种葡萄酒的酿造工艺需要将葡萄汁在铅质容器内熬煮浓缩成浓稠的糖浆，再将其以1∶30的比例加入葡萄酒中。这种葡萄酒的成本较高，多是供富商和贵族们饮用。他们在饮用时还会使用铅质的酒壶和酒杯等酒具。这些酿酒和饮酒方法，会使大量的铅溶入葡萄酒，进而被人体吸收。当时的人们甚至会将葡萄酒在铅质容器中熬煮制作的白色铅糖（实际上是水合醋酸铅结晶）当作佐餐的佳肴或平日的零食。由此以来，古罗马人，特别是贵族们或多或少地都患有铅中毒，导致他们的脑细胞和骨髓受损，体质恶化，生育能力降低，造成胎儿畸形或智力低下。日复一日，古罗马上层阶级的体质下降、人数减少，经常出现皇帝断绝子嗣，或者皇子低能的现象。

7.葡萄酒与基督教

古罗马晚期充斥着战争、叛乱和分裂。公元313年，君士坦丁颁布《米兰赦令》，承认了基督教在古罗马的合法地位，越来越多的古罗马人开始皈依基督教。据统计，

《圣经》中有521次提到葡萄园及葡萄酒，其中最著名的是，耶稣在最后的晚餐上说："面包是我的肉，葡萄酒是我的血"。

公元394年，狄奥多西一世完成了罗马帝国的最后一次统一，宣布基督教为罗马帝国的国教，禁止其他一切宗教活动，废止了来自古希腊的多神信仰，酒神狄奥尼索斯（或巴克斯）的庆典仪式也被取缔。次年，狄奥多西一世去世，盛极一时的罗马帝国分裂成了东罗马帝国和西罗马帝国，分别由其两个儿子继承。曾经风靡一时的葡萄酒，在欧亚大陆的纷争中走向了不同的道路。

苏美尔人、腓尼基人、古埃及人、古希腊人、古罗马人在葡萄酒发展过程中的相互关系，以及先后顺序可总结如图2-9所示。

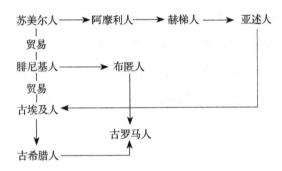

图2-9　苏美尔人、腓尼基人、古埃及人、古希腊人、古罗马人间的相互关系

第五节　世界葡萄酒的发展——中世纪

中世纪是指从公元476年的西罗马帝国灭亡，至公元1453年东罗马帝国灭亡的一段时期。在这一时期，欧洲缺乏强有力的政权，取而代之的是封建割据和频繁的战争，以及天主教会对人民思想的禁锢和科学技术发展的停滞。因此，中世纪的早期被称为"黑暗时代"。

一、中世纪葡萄酒文化概述

1.葡萄酒文明的中心转移

中世纪，葡萄酒文明在教会的庇护和国王们的推崇下，仍然得以延续和发展，只是葡萄酒文明的中心从古罗马转移到了法兰西。

西罗马帝国灭亡后，割据西欧各部的各个王国开始逐渐基督化。王公贵族们不仅接受洗礼成为基督徒，并且会严格遵守教义，葡萄酒成为他们宗教和日常生活中重要的一部分。他们将大量的金钱和土地捐赠给教堂和修道院，其中一部分被用于修建葡萄园，租赁给农民来种植酿酒葡萄。葡萄采收后，修道士们会亲自参与葡萄酒的酿造，所得产品一部分会用于宗教仪式，即圣餐礼，另一部分则用于销售，以维持运行。公元1215年，教皇英诺森三世在第四次拉尔兰会议中正式规定，教徒每年至少要参加一次圣餐礼。

2. 葡萄酒酿造技术的恢复

出于对宗教的虔诚信仰和传教士的大力提倡，中世纪的社会各阶层都流行饮用葡萄酒。但是，由于西古罗马帝国晚期的连年战火，许多地区的葡萄酒酿造技术和设备已经失传。中世纪早期的葡萄酒品质低下，主要表现为口感寡淡、醋酸含量高、颜色差，与古罗马时期的产品相差甚远。修道士们在葡萄酒酿造水平的恢复和葡萄酒质量的提升方面，发挥了重要作用。

此外，慈善医院也会将收获的葡萄酿成葡萄酒，将卖酒的钱用于维持医院的运行和其他慈善活动。位于著名的勃艮第产区的伯恩济贫院（也称济慈院），自公元1457年以来，一共收到了60公顷来自遗产或者赠予的葡萄园。如今，于每年11月第三个周末举办的伯恩济贫院慈善拍卖会，也作为具有慈善性质的拍卖会延续了160多年，成为法国葡萄酒界的一大盛事。

3. "葡萄苗圃"制度

在中世纪，无论是战争年代还是和平时期，各国王室往往需要以赐予封地的方式，争取贵族们的支持。为此，"葡萄苗圃"制度便应运而生：葡萄酒农获得葡萄，地主拥有土地，二者保持合作伙伴关系。一般合约为5年，有时会持续几代人，从而使葡萄得到充分生长，成熟，直至酿出葡萄酒。地主可以分得总收入的三分之一到三分之二。地主也可以采取买断的方式，一次性付给葡萄酒农几年（一般是5年）的薪酬，自己则获得全部收成。这种制度逐渐演变为现在的"分成制"。

中世纪时期国外的葡萄酒文化可总结如表2-2所示。

表2-2　中世纪时期的葡萄酒文化（国外部分）

国家		时间	主要事件	代表性人物与事件
西罗马帝国	法国	公元768年	（1）将葡萄酒文明的中心由意大利引向法兰西；（2）与英国签订了羊毛换葡萄酒的协议；（3）制定了葡萄酒相关法令	查理大帝继承法兰克帝国王位，并于公元800年，成为"罗马人的皇帝"；版图达到比利时、荷兰、卢森堡和瑞士的全部地区，奥地利、意大利和德国的绝大部分地区；制定了葡萄酒生产过程的卫生法规
		公元1098年	开展了葡萄种植与葡萄酒储存技术研究	本笃会的修道士圣罗贝尔在勃艮第建立西多会，研究土壤、葡萄修剪方式对葡萄酒质量的影响，以及用酒窖储存葡萄酒

续表

国家		时间	主要事件	代表性人物与事件
西罗马帝国	法国	公元1305年—公元14世纪中叶	（1）将葡萄酒扩大至比利时、卢森堡和荷兰；（2）提高了勃艮第葡萄酒的知名度；（3）将"黑皮诺"引种至勃艮第	腓力四世在欧洲推广了勃艮第产区的葡萄酒；菲利普公爵建立了勃艮第公国；公元1441年，勃艮第公爵禁止在优良的田块中种植葡萄
		公元1152年—公元1453年	波尔多葡萄酒进入英格兰	公元1152年，阿基坦公爵继承人埃莉诺与法国卡佩王朝王子路易离婚后，嫁给两年后成为英格兰国王的亨利
		公元1668年—公元1725年	公元1668年，发明了起泡葡萄酒；公元1724年，法国政府允许起泡酒上市；公元1725年，香槟产区的起泡酒获准销往海外	本笃会修道士唐·皮耶尔·培里侬
	意大利	公元751年—文艺复兴时期	（1）葡萄酒文化的衰落；（2）梵蒂冈的诞生；（3）对葡萄酒的海外贸易重视程度越来越高；（4）文艺复兴时期的葡萄与葡萄酒艺术品	公元751年，法兰西领袖"矮子"丕平攻入意大利
	德国	公元768年—公元1400年	（1）德国葡萄酒的兴起与发展；（2）葡萄酒销往日耳曼的汉萨诸城市和英格兰	查理大帝，修建了莱茵兰的本笃会修道院，其继承者将大半土地赠予修道院
		公元1250年起	德国葡萄酒的衰落	罗马帝国的皇位继承人空缺了长达19年
	西班牙	公元8世纪	西班牙的葡萄酒产业受到空前打击	阿拉伯人入侵，禁止生产和饮用任何酒精饮料
	葡萄牙	公元1143年—公元1147年	葡萄酒首次出口到英国	葡萄牙独立与统一
		公元1368年	葡萄酒长期出口到英国	《温莎条约》
东罗马帝国		公元1453年以前	希腊半岛生产的葡萄酒，经黑海和地中海贸易销往远方	十字军东征等
伊斯兰国家		公元7世纪初	葡萄酒的酿造和饮用被逐步限制，并最终禁止	伊斯兰教在阿拉伯半岛兴起，占领了地中海、伊比利亚半岛大部分和几乎整个北非，东罗马帝国东方的波斯，以及中亚地区的巴基斯坦、阿富汗和印度半岛

二、法国的葡萄酒文化

1.将葡萄酒文明中心引向法兰西

公元768年，查理大帝继承了法兰克帝国王位，其执政期间使得加洛林王朝的版图扩大至今天的法国、比利时、荷兰、卢森堡和瑞士的全部地区，以及奥地利、意大利和德国的绝大部分地区，于公元800年圣诞，被教皇利奥三世加冕为"罗马人的皇帝"。

查理大帝热爱葡萄酒，重视酿酒葡萄的栽培、葡萄酒的生产和民间贸易，将葡萄酒文明的中心由意大利引向了法兰西。查理大帝还与当时的英格兰麦西亚国王奥发签订了第一份直接以英格兰羊毛换取法兰西葡萄酒的条约。

2.制定了葡萄酒相关法令

查理大帝专门制定了葡萄酒相关法令。例如：要求官员日常不得酗酒，更不得在醉酒时进行司法审判；针对葡萄酒的酿造过程，制定了严格的卫生法规，其中包括禁止用脚踩葡萄，不得用动物皮革储酒等，为后续的葡萄酒酿造卫生标准的制定奠定了重要的基石；允许葡萄酒农挂起绿色枝条，直接向大众售酒，进一步推动了葡萄酒的民间贸易。时至今日，在欧洲很多小酒馆都喜欢在门口挂一丛树枝。

3.开展了葡萄种植与葡萄酒储存技术研究

中世纪中期，天主教对欧洲各阶层人民身心的控制达到了顶峰，但是也激发了一大批改革教派。公元1098年，出身于本笃会的修道士圣罗贝尔在法国勃艮第西多地区建立了西多会，标志着葡萄园从此完全由宗教掌控。西多会的修道士们带领着追随者，在勃艮第地区开拓了大量葡萄园，并专注于技术革新来提高葡萄酒的品质。他们进行了长期且艰苦、繁多且系统的试验，如分析土壤以选择理想的葡萄园址，引种不同的酿酒葡萄品种，比较不同的葡萄修剪方式，以及尝试用酒窖中稳定的低温来储存葡萄酒等。

4.提高了法国葡萄酒的知名度

（1）勃艮第葡萄酒。公元1305年，腓力四世当上罗马教皇，史称克莱门五世教皇。在其执政期间，阿维尼翁的主教们特别偏爱勃艮第产区的葡萄酒，极大地提高了该产区的葡萄酒在欧洲的知名度。

公元14世纪中叶，菲利普公爵建立了勃艮第公国，将统治范围从最初的法国中部和东部一带，逐渐扩展到今天的比利时、卢森堡和荷兰等地区。公元1395年，菲利普公爵下令将优质的红葡萄品种"黑皮诺"（Pinot Noir）引种至勃艮第，将当时大量种植的"佳美"（Gamay）葡萄全部拔除，移栽到博若莱，并制定了特定产区葡萄品种种植的产地管理规范，对后续葡萄酒产区法规的制定产生了深远影响。

公元1441年，勃艮第公爵禁止在优良的田块中种植葡萄，使得当地的葡萄种植和葡萄酒酿造陷入危机。直至公元1731年，法国国王路易十五才取消了部分禁令。

（2）波尔多葡萄酒。波尔多位于法国西南部阿基坦地区。公元1152年，阿基坦公爵继承人埃莉诺与法国卡佩王朝王子路易离婚后，与身为法国诺曼底兼安茹伯爵的亨利结婚。公元1154年，亨利成为英格兰国王，建立了金雀花王朝，整个阿基坦地区作为埃莉诺的嫁妆归为英格兰所有。波尔多的葡萄酒再次风靡整个英格兰，甚至英国王室的用酒都主要由波尔多提供（见图2-10）。巨大的市场需求刺激了波尔多地区的葡萄栽培与葡萄酒酿造行业，也促使酿酒师通过不断地改进技术，生产更加优质的葡萄酒。直至公元1453年，英法百年战争以法国的胜利宣告结束以后，波尔多地区才被重新收归法国的管辖，其产出的葡萄酒也开始印上"法国生产"（Produit de France）的标志。

图2-10　油画《波尔多港上的葡萄酒贸易》

（3）香槟葡萄酒。香槟产区位于法国东北部。查理大帝在位时，在这里修建了大批的修道院和葡萄园。公元1668年，本笃会修道士唐·皮耶尔·培里侬（Dom Pierre Pérignon）被任命为香槟地区马恩河畔的欧维莱尔修道院的酒窖主管。他终生致力于提高香槟产区的葡萄酒品质，创造了酿造起泡葡萄酒的一系列基本工艺，并由其继承者不断创新发展。公元1724年，法国政府允许瓶装发酵的起泡酒上市销售。公元1725年，香槟产区生产的起泡酒获准销往海外。自此，香槟酒在风靡法国之后，征服了全世界的消费者，成为节日和庆典活动中不可或缺的元素。

三、意大利的葡萄酒文化

1.葡萄酒文化的衰落

在中世纪，意大利本土的葡萄酒逐渐被法国赶超。虽然人们饮用葡萄酒的传统还在，但是由于长期战乱，人们已经无心关注葡萄酒的生产，以致于这一时期有关意大利葡萄酒的记录非常有限。

2.梵蒂冈的诞生

公元751年，法兰克领袖"矮子"丕平攻入意大利，将原拉文那总督区的地方交由教皇统治，称为教皇国，在其版图日益缩小后，成为今天的梵蒂冈。如今，梵蒂冈仍是世界上领土面积最小，但葡萄酒人均消费量最高的国家。

3.葡萄酒贸易

之后，意大利人对海外贸易的重视程度越来越高。意大利，特别是威尼斯的商队游走于西方天主教文明、拜占庭文明和伊斯兰文明之间，用英格兰的羊毛、法兰西和希腊的葡萄酒交换来自东方国家的丝绸和香料。马可波罗就是在此期间随商队远行至中国。

4.葡萄与葡萄酒的文艺作品

中世纪后期，意大利进入文艺复兴时期，艺术家们再次回忆起古典时代辉煌的葡萄酒文明，并涌现出大量有关葡萄与葡萄酒的文艺作品，特别是相关绘画，成为宝贵的文化财富，如油画《生蚝午宴》（见图2-11）生动地刻画了宴席上人们倒酒、饮酒的情景。

图2-11　油画《生蚝午宴》（葡萄酒在宴席中扮演着重要角色）

四、德国的葡萄酒文化

中世纪时期，北欧地区也逐渐繁荣起来，修建了大量的修道院，信教的民众对葡萄酒的需求越来越多，仅依靠特权地区酿造的葡萄酒已经无法满足市场需求。不列颠岛、爱尔兰岛，乃至法国西北部对葡萄酒的需求也日益增加。当时，由于受到海盗或异教徒（维京人）的威胁，法国波尔多地区的葡萄酒很难通过海陆航线销往这些地方，穿越英吉利海峡或通往北海的短程旅途相对安全，从而使得日耳曼成为英格兰的主要葡萄酒供应商。

1.德国葡萄酒的兴起

查理大帝统治时期，在莱茵兰兴建了两座本笃会修道院，大量栽种葡萄。随后独立的修道院越来越多，葡萄种植地区不仅包括了莱茵河流域，还延伸至东部的法兰克尼亚、西部的阿尔萨斯，以及南部的奥地利与瑞士。查理大帝免除了教堂所有的农产品税收（即"什一税"），教会也大力支持兴建葡萄园，从而使得莱茵高产区一度成为当时的欧洲葡萄酒贸易中心。

2.德国葡萄酒的发展

查理大帝的继承者将大半土地直接赠予了富尔达和洛尔施的修道院，以及莱茵河对岸的美因茨大主教（见图2-12），葡萄园也一直绵延至北方的陶努斯林地。这使得德国的葡萄酒产量屡创新高，并以莱茵河地区为最。但是，当时大部分的德国葡萄酒用于了外销出口。直至公元1400年，每年约有1亿升的葡萄酒运往日耳曼的汉萨诸城市和英格兰。

图2-12　德国莱茵黑森产区美因茨的葡萄园

3.德国葡萄酒的衰落

从公元1250年开始，罗马帝国的皇位继承人空缺了长达19年，德意志陷入城邦林立、诸侯割据的状态。各邦国之间互相敌对，贵族们在各自境内设立大量的税收点，给葡萄酒外销带来了极大困难。后来，德国的葡萄酒几乎全部被内部消化，出口的数量越来越少，甚至一度从国外消费者视野中消失。

五、西班牙和葡萄牙的葡萄酒文化

1.西班牙的葡萄酒产业受到空前打击

中世纪早期，在西哥特王朝的统治之下，伊比利亚半岛的葡萄栽培与葡萄酒酿造得到一定程度的恢复。公元8世纪，阿拉伯人入侵伊比利亚半岛后，禁止生产和饮用任何酒精饮料，使得西班牙的葡萄酒产业受到了空前打击。然而，由于食用鲜食葡萄和饮用葡萄汁依然合法，因此葡萄栽培得以保留下来。一些基督徒还可以自己酿造一些葡萄酒，从而使得葡萄酒文化能够在西班牙得以延续，并没有完全中断。值得一提的是，摩尔人为伊比利亚半岛带来了蒸馏技术，随后西班牙发展出了强化型葡萄酒雪利酒，而葡萄牙则发展出了波特酒。

2.葡萄牙的葡萄酒发展

与西班牙的整体沦陷相比，葡萄牙北部的阿斯图里亚斯高地仍然保留在了西哥特贵族手中。公元1143年，葡萄牙独立，并于公元1147年收复首都里斯本，成为欧洲较早实现统一的民族国家。这一时期，葡萄牙的葡萄酒首次从杜罗河和米尼奥产区出口到英国。

虽然英国进口的很多葡萄酒都来自于法国，但当英、法两国之间发生政治和军事斗争时，会严重影响到葡萄酒贸易，导致英国无法从法国进口到足量的葡萄酒，就会选择来自葡萄牙的产品。葡萄牙和英国还在公元1368年签署了《温莎条约》，为两国间的葡萄酒贸易往来敞开了大门。在此后几百年间，每当英国与欧洲他国，特别是与法国发生冲突时，就会从葡萄牙采购大量的葡萄酒以填补市场需求，从而为葡萄牙的葡萄酒发展提供重要机遇。

六、东罗马帝国的葡萄酒文化

与西欧的战乱和衰败不同，东方以君士坦丁堡为中心的东罗马帝国在中世纪时期保持了相对的平静和繁荣。其中，希腊半岛占据了东罗马帝国版图的很大一部分，这里生产的葡萄酒不仅供帝国内部饮用，还通过由其掌控的黑海和地中海贸易销往远方。因此，这一时期的葡萄酒文明依然较为繁荣（见图2-13），直至公元1453年东罗马帝国灭亡。

图2-13　以色列新近挖掘出的东罗马帝国时代的葡萄酒酿造厂遗址

七、伊斯兰国家的葡萄酒文化

公元7世纪初，伊斯兰教在阿拉伯半岛兴起，并大力向外扩张，先控制了地中海、伊比利亚半岛大部分和几乎整个北非，随后征服了东罗马帝国东方的波斯，并继续扩张至中亚地区，占领了今天的巴基斯坦、阿富汗和印度半岛，建立了一个横跨欧、亚、非的封建帝国。

尽管阿拉伯人发明了蒸馏技术，以此获取了高浓度的酒精，并将其用于医疗，但是他们信仰的伊斯兰教则禁止饮用含酒饮料，认为饮酒是对真主的亵渎。因此，在这些伊斯兰国家，葡萄酒的酿造和饮用被逐步限制，并最终禁止，种植的葡萄多用于鲜食，以及制作葡萄干和糖浆。

第六节　世界葡萄酒文化——大航海时代与近现代

公元15世纪末，大航海（地理大发现）时代将葡萄酒文明的传播推向顶峰。在新航线的引领下，欧洲殖民者和传教士在南美洲、北美洲、非洲、大洋洲开辟了无数的葡萄园，奠定了今天所谓的葡萄酒新世界生产国的版图，对葡萄酒文明的第二次跨区域和大范围传播，有着跨时代的意义。

在大航海时代，欧洲人仍未解决饮用水的安全问题。海上航行漫长而又艰苦，木桶盛放的淡水很容易发生腐败变质，很难储存。因此包括葡萄酒在内的各种酒类是远洋航行的必需品。一方面，海员们通过饮用葡萄酒来补充水分和体力；另一方面，他们也会将一些烈性酒调配到淡水中，以掩盖水变质后的怪味。

当欧洲殖民者在新的殖民地开疆拓土时，也将葡萄种植和葡萄酒酿造技术带入了他们长期定居的殖民地，开始尝试用当地的野生葡萄或引种家乡的酿酒葡萄来生产葡萄酒。

大航海时代以前，葡萄酒生产仅局限于地中海周边的欧、亚、非大陆；大航海时代之后，葡萄酒产业扩大至南美洲、北美洲、非洲南部和大洋洲，以及几乎所有适宜种植酿酒葡萄的世界各地。殖民者们不仅开拓了大量的新葡萄酒生产国家或地区，新殖民地的需求也反过来刺激了旧世界葡萄酒生产国的葡萄酒生产与贸易，极大地推广了葡萄酒文明的扩张与发展。

这一时期的国外葡萄酒发展，以及相关文化内容如表2-3所示。

表2-3 大航海时代与近现代的葡萄酒文化（国外部分）

国家	代表性人物	代表性事件
葡萄牙	葡萄牙国王若昂一世的三子恩里克王子	两次派人探索加纳利群岛； 发现马德拉群岛，开发了马德拉酒
	加纳利葡萄酒的兴起与衰落	殖民加纳利群岛，加纳利葡萄酒流行； 建立加纳利公司，低价出售，走向衰落
	国王若昂二世委托迪亚士	发现好望角，为南非葡萄酒的发展奠定了基础； 葡萄牙与英国签署《梅森条约》
	葡萄牙首相庞巴尔侯爵	成立了杜罗河葡萄酒协会，规范波特酒贸易； 19世纪后期，转向橡木塞生产
西班牙	卡斯蒂利亚王国的伊莎贝拉女王	开启了美洲葡萄酒产业：哥伦布发现了美洲新大陆，麦哲伦完成首次环球旅行
	法国酿酒师	1868年，法国根瘤蚜虫害暴发，法国酿酒师提升了葡萄酒品质
法国	法国航海家卡蒂埃尔	公元16世纪初，到达加拿大的魁北克；1756年—1763年，英、法在加拿大爆发"七年战争"，签订《巴黎和约》，加拿大成为英属殖民地
	法国财政大臣杜尔哥	废止酒类专卖制
	拿破仑三世	1855年，波尔多列级酒庄
	法国科学家朱利普朗雄	1864年—1868年，根瘤蚜虫害，法国大部分葡萄园惨遭摧毁，一些品种绝迹
	法国科学家巴斯德	发现了酒精发酵的本质，编写了专著
德国		开始种单一品种"雷司令"，之后发明了贵腐酒； 公元19世纪，葡萄酒庄园世俗化，葡萄酒品质提升
美国	法国在美国佛罗里达州；英格兰在美国弗吉尼亚州	野生葡萄品种酿酒时期
	方济会传教士在加利福尼亚州圣地亚哥	欧亚种葡萄酿造时期
	哈兹曼——"密苏里州葡萄酒之父"	将美洲葡萄枝条运往法国和欧洲其他国家；拯救根瘤蚜虫害毁灭的葡萄园

国家	代表性人物	代表性事件
智利	西班牙统治者	引入欧亚种葡萄品种；其中的"佳美娜"发展为智利的代表性红葡萄品种
阿根廷	西班牙殖民者	引入的"克里奥亚"和"马尔贝克"成为阿根廷的主要和标志性酿酒葡萄品种
南非	瑞贝卡率领荷兰东印度公司	南非开始生产葡萄酒
	斯戴尔取代瑞贝卡	在斯泰伦博斯镇发展酿酒业
	胡格诺代替斯戴尔	大力发展葡萄酒产业
	斯戴尔的儿子阿德里安	南非葡萄酒出口
澳大利亚	澳洲总督菲利普	在澳大利亚种下第一棵葡萄藤
	葡萄园艺师布什比	移民澳大利亚，探寻适宜的优质葡萄品种
	根瘤蚜虫害	从维多利亚省开始蔓延
新西兰	牧师马斯登	在克里克里建成第一个葡萄园
	英国人巴斯比	在北岛怀唐伊酿出新西兰第一支葡萄酒
	庞帕尼尔主教	公元19世纪30年代晚期，带来法国葡萄品种
	西班牙移民酿酒师索勒	在墨尔本国际展览上赢得6个奖项；"长相思"白葡萄酒和"黑皮诺"红葡萄酒成为新西兰的特色品牌

一、葡萄牙的葡萄酒文化

1.开发了加纳利葡萄酒

1415年和1416年，葡萄牙国王若昂一世的三子恩里克王子两次派人探索了加纳利群岛；1497年，加纳利群岛被收入西班牙的殖民地。自被征服开始，加纳利的葡萄酒生产就开始流行起来，并以其卓越的产品质量而著称。1661年，英国制定了航海法案，并于1665年建立了加纳利公司，以非常低的价格出售加纳利群岛所产葡萄酒，并形成垄断，从此加纳利群岛的葡萄酒开始走向衰落。

2.开发了马德拉葡萄酒

1418年，恩里克王子派人探险时，发现了马德拉群岛，并使其成为了大西洋通向北美洲的著名海上中转站和葡萄酒产区。这一地区生产的马德拉酒使用了特殊工艺，使得葡萄酒极耐储存，并且独具风味，被称作"不死之酒"。这种葡萄酒曾一度风靡欧洲，受到航海者的特别喜爱。

3.为南非葡萄酒的发展奠定了基础

1487年，迪亚士受葡萄牙国王若昂二世的委托，找到了非洲大陆最南端——非洲最南端的厄加勒斯角与西南端的风暴角，风暴角后来被若昂二世改名为好望角。1498年，达伽马发现了通往印度的新航线。过了不久，南非成为了荷兰的殖民地，后来也发展为世界上重要的葡萄酒生产国。

4.建立了英葡两国间的葡萄酒贸易

近代，与英国的葡萄酒贸易一直占葡萄牙葡萄酒出口量的很大一部分。

（1）英法矛盾对葡英葡萄酒贸易的影响。1679年，英国禁止从法国进口葡萄酒，从而不得不从葡萄牙进口葡萄酒，这使得葡萄牙的葡萄酒出口量暴增；1693年，英法战争爆发，英国国王威廉三世对法国进口葡萄酒征收高额的惩罚性关税，再一次导致大量的葡萄牙葡萄酒，特别是产自杜罗河的葡萄酒进入英国；1703年，葡萄牙与英国签订了《梅森条约》，确定了英国对葡萄牙葡萄酒的征收关税不能超过法国葡萄酒的三分之二，进一步促进了葡萄牙葡萄酒出口至英国；至1717年，葡萄牙葡萄酒已经占到英国葡萄酒进口总量的66%，而法国葡萄酒的进口量不到4%。

（2）葡萄酒造假事件。随着出口贸易的快速增长，葡萄牙的葡萄酒造假事件开始层出不穷。一些无良商人采用接骨木果来强化葡萄酒，严重损害了葡萄牙葡萄酒的声誉。1756年，为了解决这场危机，葡萄牙首相庞巴尔侯爵成立了杜罗河葡萄酒协会，出台了一系列政策来规范波特酒（一种加强型葡萄酒）贸易，将杜罗河产区划定为唯一可以生产和出售波特酒的产区，监督波特酒的整个生产过程，并下令砍掉法定产区内所有的接骨木。由此，葡萄牙也成为世界上第一个对葡萄酒进行产区界定的国家。在葡萄牙政府与协会的共同努力下，葡萄牙的波特酒市场得以恢复，波特酒也被称为"英国人喝的酒"。

（3）葡萄酒引起的打击报复。英葡关系密切惹得法国人分外眼红。拿破仑战争时期，法国和西班牙军队特意入侵葡萄牙北部和杜罗河地区，使得当地的葡萄酒生产遭到了打击。以至于法国于1809年撤军后，葡萄牙对英国的波特酒出口仍回升得很慢，其中可能与英国人口味转向青睐西班牙的雪利酒有关。

（4）葡萄牙的葡萄酒垄断政策。为了弥补英国市场缩小引起的危机，葡萄牙转向开拓其他国外市场，特别是其在北非和南美的殖民地。葡萄牙制定了垄断政策，禁止殖民地从其他国家进口葡萄酒，同时也禁止殖民地自己生产葡萄酒，而且其在殖民地的葡萄酒售价通常是在英国或西班牙的5倍。这种垄断贸易使得殖民地的葡萄酒生产者和消费者极为不满。矛盾逐渐积累到一定程度后，殖民地纷纷开始寻求独立。萎缩的市场导致葡萄牙的葡萄酒行业进入相当长的一段停滞期。

（5）葡萄牙的橡木塞生产。19世纪后期，根瘤蚜虫灾侵袭了几乎整个欧洲，葡萄牙绝大部分产区被卷入其中，仅科拉里什和拉米斯科逃过一劫。葡萄牙南部的一些葡萄产区始终没有得到恢复。这些地区转而发展起了橡木种植和橡木塞制造产业，使得葡萄牙成为现在世界上第一大橡木塞生产国，以另一种方式延续了葡萄牙在葡萄酒产业中的重要地位。之后，很多葡萄牙葡萄种植者转向种植耐病虫害的法美杂交品种。但是由这些品种酿制的葡萄酒品质大不如前，导致除了波特酒的市场还算稳定之外，其他葡萄酒种类基本从市场上消失。

二、西班牙的葡萄酒文化

1.开启了美洲葡萄酒产业

1492年，卡斯蒂利亚王国的伊莎贝拉女王资助哥伦布向西探索，前往印度洋的新航线。然而，哥伦布最终没有抵达亚洲，却意外的发现了美洲新大陆。欧洲列强瓜分、殖民了这片大陆后，在北美洲和南美洲出现了大量的葡萄园，美洲葡萄酒产业也开始发展起来。1519年，西班牙资助了葡萄牙航海家麦哲伦的探险，向西前往寻找香料群岛的贸易路线。麦哲伦的舰队不仅成功找到了穿过南美洲、通往太平洋的海峡，还完成了人类历史上的首次环球航行。

2.提高了西班牙葡萄酒的知名度

公元15世纪（1400年—1499年）至公元16世纪（1500年—1599年），西班牙葡萄酒的知名度得到大幅度提升，并在欧洲受到追捧。那时候，整个伊比利亚半岛几乎都在酿造葡萄酒。英国著名剧作家、诗人莎士比亚曾盛赞雪利酒为"装在瓶子里的西班牙阳光"。

哥伦布发现新大陆以后，进一步开拓了西班牙葡萄酒的出口市场。西班牙和其他国家的殖民地在建设初期，都大量采购西班牙葡萄酒。西班牙人也将葡萄枝条带到了殖民地，开始在殖民地生产葡萄酒。随后，殖民地的葡萄酒生产变得非常普遍，以至于影响了西班牙本土的葡萄酒出口。因此，费利佩三世禁止智利扩建葡萄园。但是，这一法令几乎被当地人忽略了。

3.西班牙葡萄酒的品质提升

1868年，法国葡萄园受到根瘤蚜的毁灭性破坏。许多法国酿酒师，特别是来自波尔多的酿酒师翻越比利牛斯山脉，来到西班牙北部的里奥哈和佩内德斯地区谋生，为当地带来了急需的葡萄酒生产技术和经验。同时，法国大面积铲除了葡萄园，使得葡萄酒紧缺，许多葡萄酒商不得不从西班牙进口大量的葡萄酒。此外，在法国酿酒师的带领下，西班牙的葡萄酒品质得到了稳步提升，逐渐被更多的消费者认识和接受，这使得西班牙葡萄酒产业进入了快速发展时期。

然而，根瘤蚜还是在19世纪末传入了伊比利亚半岛。幸运的是，由于地理环境特殊，根瘤蚜在西班牙的传播并不是很快，并随着嫁接技术的推广而得以控制。因此，根瘤蚜对西班牙葡萄酒产业的破坏并没有其他国家那样严重。

三、法国的葡萄酒文化

1.促成了加拿大葡萄酒产业

公元16世纪初，法国也加入了地理大发现的竞争。法国航海家卡蒂埃尔为了寻找一条通往印度的新航路，意外到达了北美洲的魁北克（今加拿大境内）。1756年—1763年期间，英、法在加拿大爆发"七年战争"，法国战败，签订了《巴黎和约》，使得加拿大正式成为英属殖民地，不久后加拿大人建立起了自己的葡萄酒产业。

2.法国葡萄酒的全面发展

1776年，法国财政大臣杜尔哥废止酒类专卖制，允许自由买卖，结束了波尔多葡萄酒优先交易特权，并允许所有葡萄酒在法国自由流通。1789年，法国大革命爆发，当时教会拥有的葡萄园全部被充公，农民获得了自由种植葡萄的权力，中产阶级开始拥有了葡萄园，法国的葡萄种植及葡萄酒酿造迎来了全面发展的时期。

3.波尔多列级酒庄的评选

1855年，法国正值拿破仑三世当政。拿破仑三世借巴黎世界博览会之际，请来波尔多葡萄酒商会，专门筹备一个展览会来介绍波尔多的葡萄酒，并对波尔多酒庄进行分级，奠定了波尔多"列级酒庄"的地位，并在之后只发生过一次变动。至今，"列级酒庄"都是各国消费者的最爱。

4.发展了葡萄嫁接和葡萄酒发酵理论

法国的葡萄产业并非一帆风顺。1864年，不慎由北美带回欧洲的根瘤蚜虫害席卷了整个法国，原来的欧亚种葡萄天生不耐根瘤蚜，导致法国大部分葡萄园惨遭摧毁，一些酿酒葡萄品种从此绝迹。直至1868年，法国科学家朱利普朗雄发明了将欧亚种葡萄接穗嫁接到美洲抗根瘤蚜的砧木葡萄上的方法，才阻止了这场灾难，并正式将这种害虫称为"根瘤蚜"，从而使得法国乃至整个欧洲的葡萄酒产业绝处逢生。在此期间，另一位法国化学家巴斯德于1866年发现了酒精发酵的本质，发表了葡萄酒研究专著，使得人类第一次明白了葡萄酒酿造的真正奥秘。

四、德国的葡萄酒文化

德国的葡萄栽培面积于公元15世纪达到了顶峰，是现在面积的4倍。大约在公元17世纪，由于葡萄酒的过度生产和与啤酒的竞争，葡萄酒价格大跌；1720年，德国开始种植"雷司令"单一品种，并于随后一段时间内发明了贵腐酒的酿造技术。

至公元19世纪（1800年—1899年），德国教堂的大部分葡萄酒庄园被世俗化。酿酒技术的进步促进了葡萄酒品质的提升，使得德国的葡萄酒产业进入了黄金时代。莱茵高等产区在欧洲声名鹊起。在其声望最高的时候，德国的葡萄酒售价甚至高于法国波尔多葡萄酒。

五、美国的葡萄酒文化

1.野生葡萄品种酿造时期

（1）1564年，法国在现在的美国佛罗里达州境内建立了殖民地。英国海盗霍金斯的航海日志中提到，法国人在那里酿造了20多桶葡萄酒，但这些酒风味独特，与欧洲大陆上的葡萄酒有着极大的不同，很有可能是用当地的野生葡萄酿造而成。1568年，西班牙人在今天的美国南卡罗莱纳州的帕里斯岛上建立了葡萄园，这可能是殖民者在北美洲建立起来的第一个葡萄园。

（2）1588年，英格兰在今天的美国弗吉尼亚州建立殖民地，尝试用当地的野生葡萄酿造葡萄酒，并于1609年向英国王室报告。英国王室和殖民地对这项产业都十分重视，不仅制定了法令保护葡萄园，还从法国著名产区朗格多克聘请了葡萄栽培专家，引进欧亚种葡萄在当地进行试验。然而，经过10多年的实践和探索，专家们发现这些美洲野生种的葡萄无法酿造出欧洲传统口味的葡萄酒，引入的欧亚种葡萄也无法存活。于是最终放弃了在这里发展葡萄酒产业，改为直接进口法国或者西班牙人在南美洲殖民地出产的葡萄酒来满足当地消费。

2.欧亚种葡萄酿造时期

几百年后，欧亚种葡萄绕过南美洲在美国西海岸登陆后才在这片土地逐渐站稳了脚跟。1779年，方济会传教士在今加利福尼亚州圣地亚哥传道院首次种植了一种被叫作"弥生"的欧亚种葡萄，用于生产宗教仪式用葡萄酒。

但是，美国人也从未放弃过使用本土野生葡萄酿造葡萄酒的尝试。1802年，有人发现俄亥俄州本地出产的"卡托芭"葡萄可以酿造出比较美味的葡萄酒；1842年，酿酒师朗沃斯用其成功酿造出了美国首批本土非试验性的葡萄酒。

3.根瘤蚜虫害

欧洲爆发根瘤蚜虫害并发现解决方法后，美国密苏里州德国移民哈兹曼和其他葡萄种植者于19世纪70年代将数百万美洲葡萄枝条运往法国和欧洲其他国家，将其作为砧木嫁接那里的欧亚种葡萄以抵抗根瘤蚜的侵害，拯救了被根瘤蚜虫害毁灭的欧洲葡萄园。哈兹曼因此被誉为"密苏里州葡萄酒之父"。

然而，产自美国中东部的根瘤蚜并未放过在西海岸立足不到百年的欧亚种葡萄。从19世纪80年代中期到19世纪90年代初，根瘤蚜摧毁了北加州的许多葡萄园，使该地的酿酒师们更加珍惜、重视葡萄酒的品质。

六、智利的葡萄酒文化

1.葡萄品种的起源

早在公元16世纪，西班牙人在征服美洲大陆西侧之时，就将欧亚种酿酒葡萄带入了南美大陆。根据科学考证，当时智利种植的葡萄中还有来源于另一名征服者——科尔特斯为墨西哥殖民地带去的葡萄品种。后来，这一品种繁衍成了"派斯"葡萄，用其酿造的葡萄酒主要被用在圣餐的庆典上。西班牙统治时期，智利的葡萄酒产业受到殖民政府的严格监管，除了运往国内供贵族消费之外，智利的百姓必须付出高昂的价钱才能喝到葡萄酒。

2.引进的葡萄品种

在根瘤蚜虫害还未席卷欧洲的时候，智利人就开始将"赤霞珠""梅洛""佳美娜""长相思"和"赛美蓉"等法国酿酒葡萄品种引到智利，还聘请来自法国的酿酒学家监管葡萄园的运作。随后，法国开始爆发根瘤蚜虫害，导致源自法国的"佳美娜"葡萄在法国几乎绝迹。然而，"佳美娜"自公元19世纪末被引入智利后，逐渐发展为智利的代表性红葡萄品种。

七、阿根廷的葡萄酒文化

1.阿根廷葡萄酒的起源

阿根廷酿造葡萄酒的历史，可以追溯到公元16世纪的殖民早期。当时，由西班牙殖民者将第一批葡萄藤带到了阿根廷，之后在阿根廷培育出了一个名为"克里奥亚"的葡萄大家族。在接下来的300多年中，"克里奥亚"一直都是阿根廷最主要的葡萄品种，而且葡萄酒的生产都是采用纯手工加工。

2.葡萄酒的产业化发展

阿根廷的第一家工业化的酿酒厂成立于公元19世纪初阿根廷独立后。之后，受到阿根廷内战的影响，葡萄酒产业发展十分缓慢。在欧洲移民者到来之前，阿根廷的葡萄酒产业一直停滞不前。

公元19世纪下半叶，根瘤蚜虫害使得许多欧洲人，尤其是西班牙、意大利和法国的酿酒师移民到了阿根廷。这些欧洲移民用自己的专业知识推动了阿根廷葡萄酒业的发展，他们不仅带来了新的酿酒技术，而且建立了维修酿酒设备的车间。其中，法国农学家普格是对阿根廷的现代葡萄酒行业影响最大的人。普格在门多萨成立了阿根廷第一个农业学校和葡萄苗圃，并引进了"赤霞珠""梅洛""黑皮诺"和"马尔贝克"等法国酿酒葡萄品种。其中，"马尔贝克"是在1868年被引入阿根廷的，很快得到广泛种植，成为阿根廷酿酒葡萄的国家标志性品种。

八、南非的葡萄酒文化

1.南非葡萄酒的起源与发展

南非葡萄酒产业开始于1652年，瑞贝卡率领荷兰东印度公司来到南非，种植葡萄并酿造葡萄酒。1679年，斯戴尔取代了瑞贝卡，成为开普地区的地方长官。同年，他在斯泰伦博斯镇发展酿酒业，现在这里已经是南非最热门的葡萄酒之乡。1688年，胡格诺从法国来到南非之后，斯戴尔便隐退了。胡格诺为葡萄酒产业在西开普山谷的发展奠定了基础。

2.南非葡萄酒出口

最早出口的南非葡萄酒是来自康斯坦提亚产区，由斯戴尔的儿子阿德里安组织生产的葡萄酒。1761年—1762年，南非的红、白葡萄酒的出口逐渐引起了欧洲市场的注意。此后，开普敦的葡萄酒业开始蓬勃发展。在英国占领开普敦期间，大量南非葡萄酒被运往英国出售。

九、澳大利亚的葡萄酒文化

1788年，首批来自欧洲的移居者在澳大利亚定居，由当时的澳洲总督菲利普在澳大利亚种下了第一棵葡萄藤。

1824年，布什比移民澳大利亚，成为澳大利亚葡萄酒产业萌芽时期最有影响力的一位葡萄园艺师。他通过长期的努力，探寻适合澳洲生长的葡萄品种并酿造优质的葡萄酒。1831年，布什比从欧洲带回了543条葡萄藤剪枝种在悉尼植物园中，其中362条存活下来，之后使得澳大利亚的葡萄种植规模得到迅速扩大。至公元19世纪中期，澳大利亚的葡萄酒商业环境已经形成，内部需求巨大，并开始出口英国。

公元1875年，澳大利亚的维多利亚省遭受根瘤蚜虫害，并迅速蔓延。但是，澳洲仍然有些地区躲过了这次劫难，如南澳的巴罗萨山谷和西澳。如今，南澳的巴罗萨和西澳的玛格丽特产区的葡萄酒品质一直处于澳洲葡萄酒的顶级水平。

十、新西兰的葡萄酒文化

1819年，牧师马斯登在克里克里的教会传教士协会站建成了新西兰的第一个葡萄园，当时引进了共计100个葡萄品种。十几年后，另一个英国人巴斯比在北岛怀唐伊酿出了新西兰的第一支葡萄酒。至公元19世纪30年代晚期，庞帕尼尔主教带来法国葡萄品种，并依照法国古老传统负责种植和酿造用于做礼拜用的葡萄酒。这些地方也成为现在新西兰霍克斯湾和吉斯伯恩产区的前身。

1880年，西班牙移民酿酒师索勒在墨尔本国际展览上赢得6个奖项，并于1886年在伦敦获得大奖。通过不懈努力，新西兰生产的"长相思"白葡萄酒和"黑皮诺"红葡萄酒已经逐渐成为具有新西兰特色的名牌葡萄酒。

第七节　中国葡萄酒的起源与发展

中国葡萄酒的起源与发展可以按照时间远近分为新石器时期、先秦时期、汉代、唐代、两宋时期、元代、明代、清代几个主要的历史时间。不同时期的葡萄酒文化可总结如图2-14所示。

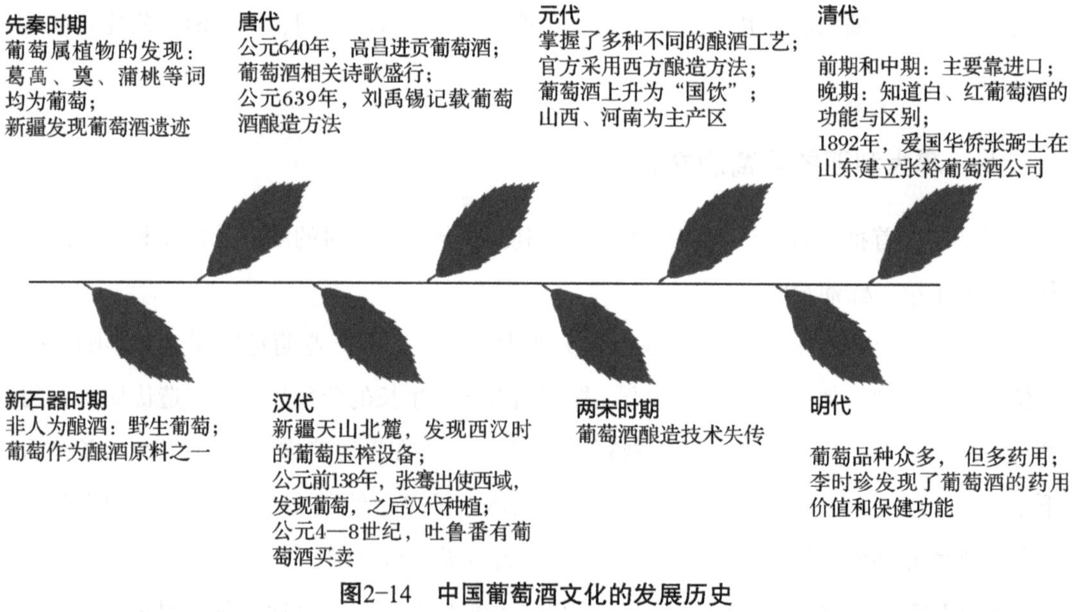

先秦时期
葡萄属植物的发现：葛藟、蓷、蒲桃等词均为葡萄；
新疆发现葡萄酒遗迹

唐代
公元640年，高昌进贡葡萄酒；
葡萄酒相关诗歌盛行；
公元639年，刘禹锡记载葡萄酒酿造方法

元代
掌握了多种不同的酿酒工艺；
官方采用西方酿造方法；
葡萄酒上升为"国饮"；
山西、河南为主产区

清代
前期和中期：主要靠进口；
晚期：知道白、红葡萄酒的功能与区别；
1892年，爱国华侨张弼士在山东建立张裕葡萄酒公司

新石器时期
非人为酿酒：野生葡萄；
葡萄作为酿酒原料之一

汉代
新疆天山北麓，发现西汉时的葡萄压榨设备；
公元前138年，张骞出使西域，发现葡萄，之后汉代种植；
公元4—8世纪，吐鲁番有葡萄酒买卖

两宋时期
葡萄酒酿造技术失传

明代
葡萄品种众多，但多药用；
李时珍发现了葡萄酒的药用价值和保健功能

图2-14　中国葡萄酒文化的发展历史

一、新石器时期

地质化石研究表明，山东省临朐县在2600万年前就有秋葡萄（东亚种群的一个种）的存在；湖南省中方县在冰河时代就有了野生刺葡萄的存在。在我国南方一些地区，一

些野生葡萄所酿造的葡萄酒被称为"猿酒",其起源很可能并非人为酿造,而是野生葡萄腐烂后由其表皮上的野生酵母自然发酵而成。这些葡萄酒的酸味过重,因此并未得到重视与推广。

考古学家发现,河南省舞阳县贾湖遗址出土的公元前7000年—公元前5800年的陶器(见图2-15)内壁上,含有酒类挥发后的酒石酸,其成分有稻米、蜂蜜、山楂、葡萄;从河南省安阳市发现的8600年前的容器中,也发现了葡萄的残留物(葡萄单宁),说明当时已经在酿酒原料中使用到葡萄,但当时葡萄应该只是作为辅料,而非全部原料。因此,那时酿造的酒应该是米酒或混合酒,而非单一的葡萄酒。

图2-15 贾湖遗址出土的陶罐

由此说明,先民已经在新石器时代早期,开始酿造并饮用由葡萄发酵而来的饮料。这是世界上目前发现最早的与酒有关的实物资料。

二、先秦时期

先秦时期已出现了关于葡萄起源与发展的相关记载。

我国有关葡萄的最早文字记载见于《诗经》中《诗·周南·樛木》:"南有樛木,葛藟累之",《诗·王风·葛藟》:"绵绵葛藟,在河之浒",《诗·豳风·七月》:"六月食郁及薁,七月亨葵及菽"。诗中提到的"葛藟""薁"都是葡萄属植物。这些诗句说明,在3600年前的殷商时代,我国人民就已经知道如何采集、加工并食用各种野生葡萄。在河南省发掘的一个商代后期的古墓中发现的铜卣中也含有葡萄成分的酒类残渣。

据《周礼·地官司徒》记载:"场人,掌国之场圃,而树之果蓏珍异之物,以时敛而藏之"。郑玄注:"珍异,蒲桃、枇把之属"。这里的"蒲桃"就是葡萄。由此说明,在约3000年前的周朝,人们开始有了家庭种植的葡萄和葡萄园,并知道怎样贮藏葡萄。

新疆吐鲁番鄯善县洋海墓地出土了一株距今约2500年前的葡萄标本,它属于圆果紫葡萄的葡萄藤（见图2-16）；新疆苏贝希墓葬则发现了战国时期（公元前475年—公元前221年）的葡萄籽。这些考古发现说明，我国人民在公元前206年的汉代以前，已经开始种植葡萄、酿造葡萄酒了，并且葡萄酒的生产规模较大，但内地种植较少，主要产地集中在古代中国的西域部分。

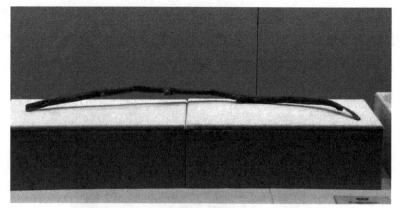

图2-16　吐鲁番鄯善县洋海墓地出土的葡萄藤

三、汉代

汉代考古资料既有关于葡萄的，也有关于葡萄酒的。以下分不同地区进行分述。

（1）西域地区。新疆天山北麓的一座古墓中发现了西汉时期的酿酒器具一套，其中有球形青铜壶、扁形陶瓷发酵器和木制的压榨葡萄的工具，在尼雅遗址的精绝古城也曾出土过葡萄籽（见图2-17），也曾在吐鲁番火焰山以北哈拉和卓的一座西汉古墓中出土了许多古代葡萄藤。

图2-17　尼雅遗址中出土的葡萄籽

《史记·大宛列传》记载，西汉建元三年（公元前138年）张骞奉汉武帝之命出使西域，曾至大宛国，发现那里"有蒲陶酒"。张骞看到"宛左右以蒲陶为酒，富人藏酒万余石，久者数十岁不败"。这里的"蒲陶"就是葡萄。由此说明，这些在地理上与古代伊朗（中国文献称之为安息）比较接近的西域地区，人们在很久以前已经掌握了葡萄种植和葡萄酒酿造技术，盛产葡萄和葡萄酒。随后，"汉使取其实来，于是天子始种苜蓿、蒲陶，肥浇地"。可见张骞不仅带回了葡萄酒，还带回了酿酒的技术和葡萄种子，招来了酿酒艺人（见图2-18）。

图2-18 张骞出使西域（敦煌壁画，局部）

《汉书》《后汉书》中有关西域的葡萄种植和葡萄酒酿造的记载也很丰富。《后汉书·西域传》云："伊吾地宜五谷、桑麻、蒲萄"。这里的伊吾即今哈密。东汉王逸的《荔枝赋》描写到："西旅献昆山之蒲桃"。这里的"昆山"就是西域昆仑山，说明人们在东汉时期已经把蒲桃（葡萄）当作重要的贡品。三国时期的魏文帝曹丕也十分喜爱葡萄和葡萄酒，写下了"中国珍果甚多，且复为说蒲萄。当其朱夏涉秋，尚有余暑，醉酒宿醒，掩露而食。甘而不饴，酸而不脆，冷而不寒，味长汁多，除烦解渴。又酿以为酒，甘于鞠蘖，善醉而易醒。道之固已流涎咽唾，况亲食之邪。他方之果，宁有匹之者。"这里的"蒲萄"即为葡萄。需要说明的是，当时葡萄酒仅限于贵族饮用。

（2）河西走廊沿线。自西汉始，中国开始有人按照西方的方法生产葡萄酒，先传播至新疆，经甘肃河西走廊至陕西，随后传至华北、东北等地。据记载，早在汉代，清徐马峪人就开始了葡萄酒酿制。

《吐鲁番出土文书》中有不少史料记载了公元4世纪至公元8世纪期间，吐鲁番地区的葡萄园种植、经营、租让，以及葡萄酒买卖的情况。当时中原人所饮用的葡萄酒主要来自西域。两汉时期，葡萄酒异常昂贵。

（3）高昂的葡萄酒价格。《续汉书》记载："扶风孟佗以葡萄酒一斛遗张让，即以为凉州刺史。"当时的一斛相当于现在的20升。由此说明，孟佗拿20升的葡萄酒就能换到凉州刺史之职，可见当时的葡萄酒价格之高。至魏晋南北朝时期，陆机、庾信也有引用葡萄酒的诗句。

四、唐代

1.葡萄酒酿造的起源

唐朝贞观十四年（公元640年），唐太宗命交河道行军大总管侯君集率兵平定高昌。高昌历来盛产葡萄，在南北朝时，就向梁朝进贡葡萄。在西域的许多唐代遗址里，考古学家发现了成排的陶制大缸和大瓮，大缸外用10 cm厚的胶泥裹护。据推测，这些大缸是用来酿造葡萄酒的，大瓮则是用于贮藏葡萄酒的。《班府元龟卷970》记载："及破高昌收马乳蒲桃，实於苑中种之，并得其酒法，帝自损益造酒成，凡有八色，芳辛酷烈，既颁赐群臣，京师始识其味。"这是史书中第一次明确记载了内地用西域传来的方法酿造葡萄酒的文字档案。此外，当时的长安城东至曲江一带，俱有胡姬侍酒之肆，出售西域特产葡萄酒。唐朝时，从西域传入的一些刻有葡萄枝蔓纹样的镜子（见图2-19），也是这一时期葡萄酒在唐朝兴起的例证。

图2-19　唐代由西域传入的海兽葡萄镜（现代仿制）

2.葡萄酒相关的诗歌

葡萄酒在唐朝的发展是非常快速而繁荣的，这个时期的葡萄酒已经逐渐从贵族走向平民，很多诗人都用诗歌来赞美葡萄酒，称其是上天赐予的礼物。据统计，在流传下来的唐诗中，有关葡萄、葡萄酒的就有五六十首，作者包括李白、杜甫、王维、白居易、陈子昂、韩愈、柳宗元、元稹、刘禹锡、岑参、王翰、孟郊等。其中脍炙人口的唐诗有：李白的《襄阳歌》"遥看汉水鸭头绿，恰以蒲萄初酦醅；此江若变作春酒，垒曲便筑糟丘台。"王翰的《凉州词》"葡萄美酒夜光杯，欲饮琵琶马上催。"（见图2-20）以及白居易的《寄献北都留守裴令公》"羌管吹杨柳，燕姬酌蒲萄。"

图2-20 夜光杯（现代仿制）

3.葡萄酒的酿造工艺

唐太宗贞观十三年（公元639年），刘禹锡有诗云"自言我晋人，种此如种玉，酿之成美酒，令人饮不足。"从诗中可以看出，当时的葡萄在太原一带发展得很好。诗里不仅讲到了葡萄的种植、收获，还讲到了葡萄酒的美味；诗人不仅自己种葡萄，还自己酿酒。据记载，唐代时山西已有白葡萄酒的酿造技艺："作酒法，总收取子汁，煮之，自成酒。蘡薁、山葡萄并堪为酒。"

五、两宋时期

从元好问的《葡萄酒赋》及其序可知，经过晚唐及五代时期的战乱，到了宋朝，真正的葡萄酒酿造方法，差不多已经失传。

两宋时期，葡萄酒依然是苏东坡等人诗词中常见的宴饮物品。苏东坡曾作诗《谢张太原送蒲桃》，讲的是他被贬之后，绝大部分亲朋好友都避而不见，只有太原的张县令依然如故，每年都给他送来葡萄。这说明，宋朝时期，山西太原等地是我国主要的葡萄产区。

到了南宋，当时临安虽然繁华，但葡萄酒却是非常稀少珍贵，除了从西域运来的葡萄酒外，中国的中原地区自酿的葡萄酒，大体上都是按《北山酒经》上的葡萄与大米混合后加曲的"蒲萄酒法"酿制的，味道也不好。这主要是因为宋朝重视米酒，江南不宜种葡萄，山西太原等葡萄和葡萄酒产区，已沦陷为金国统治。陆游的《夜寒与客烧干柴取暖戏作》诗云："如倾潋潋蒲萄酒，似拥重重貂鼠裘。"南宋诗中把喝葡萄酒与穿貂皮大衣相提并论，可见当时葡萄酒的珍贵。

六、元代

1.葡萄酒酿造工艺

元代是中国葡萄酒发展最鼎盛的一个朝代。元代人因为跟西域交往密切，所以掌握了多种不同的葡萄酒酿造工艺。当时生产的葡萄酒主要分两类：原酿葡萄酒和葡萄蒸馏酒。

原酿葡萄酒是采取中国酿酒的传统习惯，使用酒曲发酵工艺，在葡萄浆中加入酒曲，催使其发酵成酒。葡萄蒸馏酒则是进一步采用阿拉伯传来的蒸馏工艺，获取酒精度更高的蒸馏葡萄酒。图2-21为河北省承德市出土的元代蒸馏器。

图2-21　河北省承德市出土的元代蒸馏器

元代官方采用的是西方的酿酒方法，即搅拌、踩打和自然发酵，还在皇宫中建造了葡萄酒室，甚至有了检验葡萄酒真伪的办法："至太行山辨真伪，真者下水即流，违者得水即冰矣"。

2.葡萄酒的地位

在元代，葡萄酒第一次上升为"国饮"，与马奶酒一同被皇室列为国事用酒。元朝的制度还规定在太庙祭祀先祖时必须使用葡萄酒，这可能是中国葡萄酒历史上的最高地位了。

元朝的葡萄酒在民间已经非常普及，产量很大，民间百姓多能自酿葡萄酒，并以种植葡萄和酿造葡萄酒为荣。大多居民甚至把葡萄酒当作生活必需品："银瓮葡萄尽日倾"。元代统治者对葡萄酒也持鼓励政策，他们给粮食酒的税收标准是25%，葡萄酒则是6%，原因就在于葡萄酒不占用宝贵的粮食储备。

3.主要的葡萄酒产地

元朝除了河西与陇右地区大面积种植葡萄外，北方的山西、河南等地也是葡萄和葡萄酒的重要产地。

这个时候，市场上也有大量的商品葡萄酒销售。《马可波罗游记》第二卷第31章《涿州城》记载，从北京西南的涿州出发向西走，"沿途皆见有环以城垣之城村，及不少工商繁盛之聚落，与夫美丽田亩，暨美丽葡萄园，居民安乐"。由此说明，大都西北的昌平也有葡萄种植与葡萄酒酿造的历史。

《马可波罗游记》第二卷第33章"太原府王国"中记载到，"出太原府，过桥三十里……其地种植不少最美之葡萄园酿葡萄酒甚饶，契丹全境只有此地产葡萄酒"。当时的太原地区曾经是官方葡萄园，专门用来酿造葡萄酒。

七、明代

明代的葡萄品种较多，文献记载有水晶葡萄、紫葡萄、绿葡萄、琐琐葡萄（一种产自新疆、果粒只有胡椒大小的葡萄）等葡萄品种。

这些葡萄的产地不仅限于中原，南方一些地区也栽培了适合当地条件的品种，但似乎并没有普遍用于酿酒，而主要用于鲜食、制糖和做醋。带有葡萄纹路的青花瓷器也作为畅销品流传于海内外（见图2-22）。

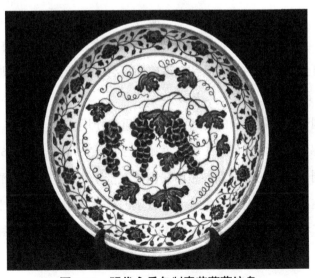

图2-22 明代永乐年制青花葡萄纹盘

李时珍在《本草纲目》中曾介绍葡萄的治疗功效。例如，儿童常食琐琐葡萄，可免生痘。明朝时的葡萄酒发展开始衰落，其他酒种开始盛行。但是，李时珍在这个时候却发现了葡萄酒的药用价值和保健功效，认为葡萄酒能美容养颜，保持身体健康。

八、清代

1.清朝的前期和中期

受运输条件限制，清朝前期和中期，人们想喝上进口葡萄酒实属不易，不是寻常百姓可以消费得起的，一般都是由两国互礼进贡而来。

清初，从德国来的汤若望曾经拿西洋葡萄酒招待过中国官员。由于葡萄酒量少且珍贵，汤若望曾劝友人不可豪饮。客人们听了劝告才一沾舌，便有融畅不可言喻的感觉。

至康熙年间，荷兰人最早前来和大清通商，康熙二十五年（公元1686年），荷兰人进贡的清单上列有"葡萄酒两桶"。康熙早年是不喜饮酒的，但是《康熙起居注》提到，康熙四十八年（公元1709年），康熙突然传旨内务府要西洋所贡葡萄酒，以至于内务府手忙脚乱，差点交不了差事。

到了乾隆年间，乾隆皇帝曾经问法国传教士、圆明园西洋楼的设计者之一蒋友仁喜不喜欢喝中国的酒。蒋友仁回答说："不习惯喝中国的酒，遇有节庆日，他们会喝从欧洲老家运来的葡萄酒；平时，则是自己种点葡萄，自己酿酒喝。"这从侧面说明，当时如果没有"海外渠道"，就只能自己酿造葡萄酒来喝。

2.清朝晚期

至清朝晚期，随着航运的发达，对外交流的增加，这个时候除了国内的葡萄酒外，还有进口葡萄酒。据《清稗类钞》记载，"葡萄酒为葡萄汁所制，外国输入甚多，有数种，不去皮者赤，为赤葡萄酒，能除肠中障害，去皮者色白微黄，为白葡萄酒，能助肠之运动"。由此可见，当时的人们已经知道白葡萄酒可以开胃，红酒则有利身体健康。

3.影响中国葡萄酒发展的重要人士

传教士在中国葡萄和葡萄酒的传播中发挥着重要作用。

中国云南省德钦县燕门乡的茨中教堂就始建于同治六年（公元1867年），由法国传教士修建。教堂周边种植的葡萄品种是由法国传教士于当年引种的酿酒葡萄"玫瑰蜜"（该葡萄目前已在法国本土上基本绝迹），教堂内放着当年法国传教士用的酿酒器具。周边居民还保留着种植葡萄，以及酿造和饮用葡萄酒的风俗习惯（见图2-23）。

图2-23 始建于清末的茨中教堂和葡萄园

公元1892年，爱国华侨张弼士在山东烟台创办了张裕葡萄酒公司，再一次从国外引进欧亚种葡萄，并在烟台栽培和酿造葡萄酒，此后发展到太原、青岛、北京等地，使得近现代中国的葡萄酒得到蓬勃发展（见图2-24）。

图2-24 张裕早期葡萄酒产品

第三章 葡萄酒与人体健康

GB/T 15037—2006《葡萄酒》规定，葡萄酒（wines）是指以鲜葡萄或葡萄汁为原料，经全部或部分发酵酿制而成，含有一定酒精度的发酵酒。国际葡萄与葡萄酒组织（OIV, 2006）规定，"Wine is the beverage resulting exclusively from the partial or complete alcoholic fermentation of fresh grapes, whether crushed or not, or of grape must. Its actual alcohol content shall not be less than 8.5% vol." 意为，葡萄酒只能是破碎或未破碎的新鲜葡萄果实或葡萄汁，经完全或部分酒精发酵后获得的饮料，其酒度不能低于8.5%。考虑到气候、土壤、葡萄品种和葡萄产区特殊的质量因素或传统因素，根据这些特定地区的立法，葡萄酒的最低酒度可以降至7.0%。

对比上述两种葡萄酒的定义可知，原料、发酵、酒度是葡萄酒中三个必不可少的元素。事实上，一些特殊的葡萄酒会在原料和酒度方面超出这些标准所述界限。例如，在酿造贵腐葡萄酒或冰葡萄酒时，所用原料为半干化的葡萄，而不是新鲜的葡萄；在酿造低醇葡萄酒时，所得酒度一般为1%～7%，而脱醇葡萄酒的酒度甚至低至0.5%～1.0%，而不是标准中规定的酒度水平。

第一节 葡萄酒的种类

葡萄酒的种类纷繁多样，分类标准各不相同。主要的分类标准有颜色、二氧化碳含量、含糖量和酿造方式。其中，按照含糖量分类时，平静葡萄酒和起泡葡萄酒中的糖度标准是不同的。葡萄酒的总体分类如图3-1所示。

一、按颜色分类

颜色在葡萄酒的品质品鉴中有着十分重要的地位。赏心悦目的颜色是葡萄酒吸引消费者的重要原因之一。按照颜色，可将葡萄酒分为红葡萄酒、桃红葡萄酒、白葡萄酒三种。葡萄酒的颜色与原料品种、酿造方式、陈酿过程等因素有关。因此，消费者可以根据葡萄酒颜色，在一定程度上初步判断葡萄酒酿造用葡萄品种、年份、产地等信息，对商品的真伪和质量做出预判，避免上当受骗。

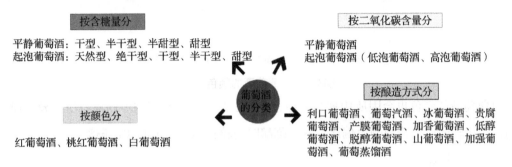

图3-1　葡萄酒的分类标准与类别

1.红葡萄酒

红葡萄酒的颜色主要来源于酒液对果皮中呈色物质的浸渍作用。同为红葡萄酒，酒液的色调和色度会因所用葡萄品种、浸渍时间的长短，以及陈酿时间的不同而产生很大差异。主要有紫红、深红、宝石红、砖红到棕红等不同类型（见图3-2）。

图3-2　红葡萄酒的颜色

通常情况下，赤霞珠（Cabernet Sauvignon）、西拉（Syrah）等葡萄品种酿造出来的红葡萄酒颜色较深；而黑皮诺（Pinot Noir）葡萄酿造出来的红葡萄酒颜色要浅一些。同时，年轻的红葡萄酒通常呈现紫红色调，陈酿的葡萄酒则呈现砖红色调。

2.白葡萄酒

白葡萄酒是用白葡萄品种，或红葡萄品种经原料压榨后，取清汁发酵而成。白葡萄酒的酿造过程不涉及皮渣浸渍，酒中所含色素物质很少，酒液通常呈现禾秆黄色、绿禾秆黄色、暗黄色、金黄色、琥珀黄色等不同颜色（见图3-3）。

| 禾秆黄色 | 绿禾秆黄色 | 暗黄色 | 金黄色 | 琥珀黄色 |

图3-3 白葡萄酒的颜色

白葡萄酒的颜色也会因所用葡萄品种、酿造工艺、陈酿时间的不同而有所差异。通常而言，年轻的白葡萄酒颜色偏浅一些，陈酿时间较长的白葡萄酒颜色偏深。

3.桃红葡萄酒

桃红葡萄酒是用红葡萄品种带皮发酵酿造而成，只是浸渍时间较短，酒液的颜色介于黄色与浅红色之间，通常有黄玫瑰红、橙玫瑰红、玫瑰红、橙红、紫玫瑰红等不同色调（见图3-4）。

| 黄玫瑰红 | 橙玫瑰红 | 玫瑰红 | 橙红 | 紫玫瑰红 |

图3-4 桃红葡萄酒的颜色

二、按二氧化碳含量分类

GB/T 15037—2006《葡萄酒》规定，可以按照酒液中二氧化碳含量（以酒瓶内压力大小表示）将葡萄酒分为平静葡萄酒、低泡葡萄酒和高泡葡萄酒。不同酒类的区别如表3-1所示。

表3-1 根据二氧化碳含量的葡萄酒分类

分类		瓶内二氧化碳压力*
平静葡萄酒		<0.05 MPa
起泡葡萄酒	低泡葡萄酒	750 mL酒瓶，0.05～0.34 MPa；容量<250 mL酒瓶，0.05～0.29 MPa
	高泡葡萄酒	750 mL酒瓶，≥0.35 MPa；容量<250 mL酒瓶，≥0.3MPa

注：表中所列压力值是指，20 ℃时，酒瓶内的压力测量值；而且这些二氧化碳压力应该全部由自然发酵产生。

这类酒在开瓶时，以及倒入酒杯后，酒液中的二氧化碳会以气泡的形式从酒液中溢出，形成气泡，故称为起泡葡萄酒。

三、按含糖量分类

根据葡萄酒在发酵结束后的残糖含量（以葡萄糖计），可将葡萄酒分为干型、半干型、甜型、半甜型等不同种类。具体的分类方法在平静葡萄酒和起泡葡萄酒中又有所不同。具体分类如表3-2所示。

表3-2　按照含糖量对葡萄酒进行分类

分类		酒液中残糖含量
平静葡萄酒	干型	≤4.0 g/L，或当总糖与总酸（以酒石酸计）的差值≤2.0 g/L时，含糖量最高为9.0 g/L
	半干型	4.1 g/L～12.0 g/L，或当总糖与总酸（以酒石酸计）的差值≤2.0 g/L时，含糖量最高为18.0 g/L
	半甜型	12.1 g/L～45.0 g/L
	甜型	≥45.1 g/L
起泡葡萄酒	天然高泡葡萄酒	≤12.0 g/L（允许差为3.0 g/L）
	绝干型高泡葡萄酒	12.1 g/L～17.0 g/L（允许差为3.0 g/L）
	干型高泡葡萄酒	17.1 g/L～32.0 g/L（允许差为3.0 g/L）
	半干型高泡葡萄酒	32.1 g/L～50.0 g/L（允许差为3.0 g/L）
	甜型高泡葡萄酒	≥50.1 g/L

四、按酿造方式分类

根据酿造工艺不同，除了普通葡萄酒以外，还有一些经过特殊工艺处理的葡萄酒，如利口葡萄酒、葡萄汽酒、冰葡萄酒、贵腐葡萄酒、产膜葡萄酒、加香葡萄酒、低醇葡萄酒、脱醇葡萄酒、山葡萄酒、加强葡萄酒、葡萄蒸馏酒等。其中比较常见的有冰葡萄酒、贵腐葡萄酒、低醇或脱醇葡萄酒，以及葡萄蒸馏酒。

1.冰葡萄酒（Ice wines）

GB/T 25504—2010《冰葡萄酒》规定，冰葡萄酒是指将葡萄推迟采收，当自然条件下气温低于−7 ℃，使葡萄在树枝上保持一定时间，结冰，采收，在结冰状态下压榨，发酵，酿制而成的葡萄酒（在生产过程中不允许外加糖源）。冰葡萄酒属于甜型葡萄酒的一种。以加拿大、德国、奥地利等国生产的冰葡萄酒最为著名（见图3-5）。

常见的冰葡萄酒酿造用葡萄品种有威代尔

图3-5　在藤上结冰的葡萄果实
（Chen et al., 2020）

（Vidal）、雷司令（Riesling）、琼瑶浆（Gewurztraminer）和梅洛（Merlot）等。

2.贵腐葡萄酒（Noble wine）

贵腐葡萄酒是利用贵腐霉菌（*Botrytis cinerea*）在成熟葡萄浆果上的贵腐（noble-rot）作用，提高浆果的含糖量后酿造的浓甜型葡萄酒（见图3-6）。以法国波尔多苏玳、德国莱茵高和匈牙利托卡伊三大产区所产贵腐酒最为有名。所用葡萄品种主要有赛美蓉（Semillon）、长相思（Sauvignon Blanc）、白诗南（Chenin blanc）和灰比诺（Pinot Gris）等。

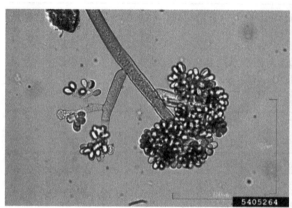

图3-6　用于酿造贵腐葡萄酒的原料

（左）贵腐霉菌，（右）感染了贵腐霉菌的葡萄（李前隽，2018）

3.脱醇或低醇葡萄酒

根据OIV的两项标准（OIV—ECO 432—2012和OIV—ECO 433—2012），脱醇葡萄酒是指将葡萄酒通过脱醇处理而获得的，酒精含量低于0.5%（一般为无酒精葡萄酒）的产品；低醇葡萄酒是指葡萄酒通过部分脱醇而获得的，酒精含量介于0.5%和最低要求之间的产品。

其中，脱醇葡萄酒的酿造过程需要用到一些特殊的生产技术，如使用低糖醇转化酿酒酵母，膜处理技术（反渗透、纳米过滤、渗透蒸发、渗透蒸馏等），真空蒸馏技术，超临界萃取技术等。

4.葡萄蒸馏酒

GB/T 11856—2008《白兰地》规定，葡萄蒸馏酒是以葡萄为原料，经发酵、蒸馏、橡木桶陈酿、调配而成的葡萄酒，通常简称为白兰地。

五、按酿酒用葡萄品种所占比例分

GB/T 15037—2006《葡萄酒》规定，可以按照酿酒时所用葡萄品种所占比例，将葡萄酒分为年份葡萄酒、品种葡萄酒、产地葡萄酒。

年份葡萄酒是指酿酒时用所标注年份（指葡萄采摘的年份）的葡萄汁在总葡萄汁中所占比例不低于80%。

品种葡萄酒是指用所标注品种的葡萄酿制的酒在酒液总量中所占比例不低于75%。

产地葡萄酒是指用所标注产地的葡萄酿制的酒在酒液总量中所占比例不低于80%。

第二节　葡萄酒的主要成分

葡萄酒中含有多种有机物和无机物质，使其不仅具有独特的感官风味，而且具有丰富的营养。其中，水和乙醇是葡萄酒中最主要的两大化学成分，约占葡萄酒总重量的97%（质量分数）。葡萄酒中其余的化合物主要有糖、酸、氨基酸、挥发性风味物质（高级醇、酯类等）、甘油、多酚、矿质元素和维生素等营养成分（如图3-7所示）。这些物质虽然在葡萄酒中的总含量不到10 g/L，很多香气物质的浓度仅为数ng/L，但是决定了葡萄酒的风味和颜色。

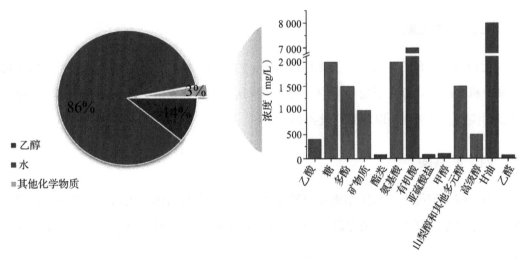

图3-7　干型红葡萄酒的化学物质组成

（左）主要组分的质量分数（%，质量分数），（右）除乙醇和水之外的其他组分在酒液中的浓度（mg/L），其中不包括浓度范围为0.1 ng/L～10 mg/L的微量组分

一、水和乙醇

葡萄酒中的水直接来源于葡萄果实，占葡萄酒的70%～90%。

乙醇，也称为酒精，是葡萄汁中的葡萄糖经酵母菌发酵后生成的产物，在葡萄酒中的浓度一般为7%～17%。

二、糖与酸

葡萄酒中含量最多的还原糖为果糖和葡萄糖，其次为蔗糖、阿拉伯糖、半乳糖和鼠李糖等非还原性糖。葡萄汁中的糖分是供给酵母菌进行酒精发酵的基础，也是影响葡萄酒风味与酸甜平衡感的重要因素。

葡萄酒中的酸则主要分为两大类。

一类是有机酸，占葡萄酒中总酸的95%以上，主要有酒石酸、苹果酸、柠檬酸、琥珀酸、醋酸和乳酸。其中：酒石酸是在葡萄浆果细胞分裂过程中形成的，在随后的浆果成熟过程中保持稳定；酒石酸在酿酒过程中不会被酵母菌所代谢，但是会以沉淀的方式流失。苹果酸在葡萄浆果转色期时的含量最高，可达20 g/kg以上，但在成熟期会被微生物代谢。柠檬酸、琥珀酸和醋酸则是酵母在进行酒精发酵时形成的代谢产物。

另一类酸是挥发性脂肪族有机酸，主要有癸酸、己酸和辛酸等。它们是酵母菌的脂肪酸代谢产物。

三、矿质元素

葡萄酒中含有的矿质元素主要有钾、镁、钙、钠、铁、锌、锰等。它们主要以无机盐和有机盐的形式存在于葡萄酒中。葡萄酒中这些矿质元素的来源主要有葡萄园土壤、外源污染物、澄清剂，以及酒厂设备等。

四、氨基酸

氨基酸是酵母生长和代谢所需的氮源之一，主要参与菌体的蛋白质和细胞壁合成。葡萄醪中含量最高的氨基酸是脯氨酸（高达4 000 mg/L），其次是精氨酸、缬氨酸和丙氨酸。

五、酯类与高级醇

酯类是形成葡萄酒醇香的主要成分，其中最重要的是乙酸乙酯。大多数挥发性酯类物质是在葡萄酒发酵和储存过程中，通过羧酸的酶促或非酶促酯化反应形成的。

高级醇是葡萄酒的重要风味物质之一。它与乙醇、有机酸、酯类等一起构成了葡萄酒的主要风味。大多数高级醇是酵母菌进行氨基酸代谢的副产物。一定量的高级醇可以使酒体丰满、口感绵柔、芳香四溢，有助于提高酒的协调性和典型性；但是，含量过高的高级醇会使葡萄酒呈现苦涩感和腐臭味，对酒的品质产生不良影响。

六、多酚

葡萄酒中的酚类化合物主要来自于葡萄浆果，少部分来自葡萄酒酿造和陈酿时所用橡木或其他木材。这些酚类物质对葡萄酒的稳定性和感官特性（颜色、口感）有着十分重要的影响。同时，大多数酚类物质都具有抗氧化、抗肿瘤、抑菌、抑制心血管疾病、美白等多种生物学活性。

1.葡萄酒中多酚类化合物概述

葡萄酒中的酚类物质主要有色素和单宁两大类。色素主要有花色素、黄酮等类黄酮化合物。由于有葡萄皮渣的浸渍发酵作用，红葡萄酒中的多酚物质远高于白葡萄酒。红葡萄酒中常见的酚类物质及其生物学活性可总结如表3-3所示。

表3-3　红葡萄酒中的多酚组分、含量及其生物学活性

多酚种类与含量（mg·L^{-1}）	代表性多酚组分	生物学活性
酚酸类（40~80）	顺式单咖啡酰酒石酸（cis-Caftaric acid）	抗氧化、抑制TNF-α（肿瘤坏死因子α）活性、抗突变、抗炎
	反式单咖啡酰酒石酸（trans-Caftaric acid）	抗氧化、抑制TNF-α活性、抗突变、抗炎
	咖啡酸（Caffeic acid）	抗氧化、抗炎、抗肿瘤、抗尿石、抗血栓形成、抗高血压、抗病毒
	对香豆酸（p-Coumaric acid）	抗氧化、抑菌、抗肿瘤、抗病毒、抗黑色素生成、缓解糖尿病/痛风
	顺式香豆酰酒石酸（cis-Coutaric acid）	抗氧化
	反式香豆酰酒石酸（trans-Coutaric acid）	抗氧化、抑菌
	阿魏酸（Ferulic acid）	抗炎、抗癌、抗细胞凋亡、抗糖尿病、护肝、心肌/神经保护、清除自由基、抗血栓
	单阿魏酰酒石酸（Fertaric acid）	抗氧化、抗炎
没食子酸类（20~40）	没食子酸（Gallic acid）	抗炎、抗肿瘤、抗氧化、抗病毒、抗过敏、抗突变、抗皮肤衰老
	丁香酸（Syringic acid）	抗氧化、抗癌、抗肥胖、抗炎、抗脂肪、抗骨质疏松、护肝
黄酮醇类（40~80）	黄酮醇1（Flavonol 1）	—
	黄酮醇2（Flavonol 2）	—
	黄酮醇3（Flavonol 3）	—
	芦丁（Rutin）	抗氧化、抑菌、抗炎、抗癌、抗糖尿病、抗过敏、抗高血压、抗凝血、抗抑郁药、抗哮喘

多酚种类与含量 （mg·L⁻¹）	代表性多酚组分	生物学活性
黄酮醇类 （40～80）	山奈酚（Kaempferol）	抗炎、抗氧化、抑菌、抗癌、心脏/神经保护、抗糖尿病、抗骨质疏松、雌激素/抗雌激素、抗焦虑、抗镇痛、抗过敏
	杨梅树甙（Myricitin）	抑菌、抗氧化、抗肿瘤、抗糖尿病、免疫调节、保护心血管、镇痛、降压、抗血小板凝集、抗过敏、抗病毒
	槲皮素（Quercetin）	抗氧化、抗炎、抗病毒、减肥、抑菌、抗癌、抗抑郁、抗哮喘、抑制TNF-α活性、保护心血管
黄烷-3-醇类 （75～115）	原花青素B₁（Procyanidin B₁）	抗氧化、抗炎、抗癌、抗病毒
	原花青素B₂（Procyanidin B₂）	抗氧化、抗癌、抗炎
	原花青素B₃（Procyanidin B₃）	抗炎、抗氧化、抗溶血
	儿茶素（Catechin）	抗癌，减肥，抗糖尿病，抗感染，肝/神经/保护心血管、抑制TNF-α活性、抗炎、抑菌、抗病毒、抗氧化
	表儿茶素（Epicatechin）	抗氧化、抑菌、抗炎、抗肿瘤、心脏保护、抗衰老、抗过敏
锦葵素衍生物类 （60～110）	锦葵素-3-葡萄糖苷（Malvidin-3-O-glucoside）	抗炎、抗氧化、抗糖尿病
	锦葵素-3-乙酰-葡萄糖苷（Malvidin-3-O-acetylglucoside）	—
	锦葵素-3-对香豆酰-葡萄糖苷（Malvidin-3-O-p-coum aroylglucoside）	抗氧化
芪类（1～14）	白藜芦醇（Resveratrol）	抗癌，抗糖尿病，保护心脏，抗氧化，保护神经，抗衰老
	紫檀芪（Pterostilbene）	癌症化学预防，抗氧化，抗真菌，降血脂

2. 葡萄酒中的白藜芦醇

白藜芦醇（反式-3,4,5,-三羟基芪）是一种多酚，属于芪类化合物。白藜芦醇最早（1940年）从毛叶藜芦中分离得到；1992年，从葡萄酒中检测到了白藜芦醇。葡萄酒中的白藜芦醇主要来源于葡萄浆果，开始时，主要存在于葡萄果皮，在浸渍和发酵阶段进入葡萄酒。

葡萄酒中的白藜芦醇含量会因葡萄酒种类、酿酒用葡萄品种及其产地的不同而有所差异。白藜芦醇在不同葡萄酒中的含量由高到低依次为，红葡萄酒>桃红葡萄酒>白葡萄酒。自然界中的白藜芦醇通常以反式和顺式（见图3-8）两种几何异构体的形式存在。其中，反式白藜芦醇比顺式白藜芦醇更稳定。但是，反式白藜芦醇会在紫外光的照射下，转化为顺式异构体。

糖基化修饰可使白藜芦醇变得更加稳定，使其免受酶类降解和空气氧化，形成反式白藜芦醇糖苷和顺式白藜芦醇糖苷。

白藜芦醇的这四种形式在葡萄酒中均可以检测到。

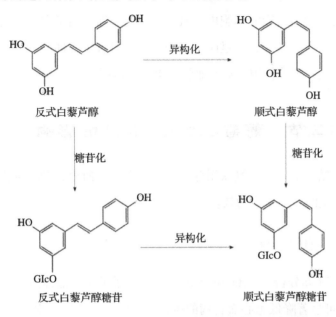

反式白藜芦醇   异构化   顺式白藜芦醇

糖苷化   糖苷化

反式白藜芦醇糖苷   异构化   顺式白藜芦醇糖苷

图3-8 白藜芦醇和白藜芦醇糖苷的化学结构

注：GlcO为β-D-葡糖基

过去近100年的研究证实，白藜芦醇具有抗氧化、保护心脏、保护神经、抗癌、抗衰老等多种生理功能。研究发现，白藜芦醇可以通过控制小核糖核酸（RNA）的表达，调控一系列转录因子来改变癌细胞中相关基因表达；通过抑制细胞增殖和迁移、诱导细胞凋亡、抑制MARCH1表达等机制抑制癌细胞生长；并能通过靶向糖基化的PD-L1和二聚体PD-L1，增强T细胞对肿瘤细胞的杀伤活性。小鼠、酵母、线虫和果蝇上的研究表明，白藜芦醇还具有抗衰老作用，它可以特异性地激活去乙酰化酶（Sirtuin），增强细胞修复和防卫能力、提高脱氧核糖核酸（DNA）稳定性，抑制机体衰老。

2.葡萄酒中的原花青素

除白藜芦醇外，原花青素也是葡萄酒中广受关注的另一类酚类物质。

原花青素是指，由黄烷-3-醇单体（儿茶素，表儿茶素）聚合形成的高分子化合物。按照聚合度大小，通常将其2～5聚体称为低聚原花青素（Oligomeric Proanthocyanidins），将五聚体以上称为高聚原花青素（Polymeric Proanthocyanidins）。前者是葡萄酒生物学活性的核心成分。

原花青素主要存在于葡萄籽中，在酿酒用红葡萄品种中的含量可高达95%。原花青素具有极强的抗氧化性，以及很强的蛋白质结合能力。大量研究表明，原花青素具有抗肿瘤、消炎、抑菌、抗过敏、抗衰老、缓解疲劳等多种生物学特性（Bagchi et al., 2000; de la Iglesia et al., 2010; Zhang et al., 2020; Chen & Yu, 2018）。例如：原花青素能够通过NF-κB依赖的信号转导通路，影响细胞内一氧化氮、促炎细胞因子和细胞粘附分子的产生，表现为抗氧化、消炎等功能；通过防止低密度脂蛋白氧化、抑制血小板聚集，以及增强内皮细胞一氧化氮分泌等作用，对心血管产生有益作用。

第三节　葡萄酒对人体健康的影响

越来越多的研究结果证明，适量饮用葡萄酒，特别是红葡萄酒对心血管疾病、糖尿病等代谢综合症有一定的辅助治疗功效。

一、葡萄酒与心血管疾病

流行病学研究和Meta分析（meta-analysis）表明，适量饮用葡萄酒（每天1到2杯，150 mL或300 mL）可显著降低患心血管病的风险，降低心血管死亡率（Di Castelnuovo et al., 2002; De Gaetano et al., 2002）。这种作用主要是因为，葡萄酒能够提高机体的抗氧化能力、改变机体的脂质谱，且有一定的抗炎作用（Dohadwala & Vita, 2009），以及减少血小板聚集、改善内皮功能、增加纤维蛋白溶解等多种功能。因此，饮用红葡萄酒对预防和治疗动脉粥样硬化、高血压和高胆固醇有益（Guilford & Pezzuto, 2011）。临床结果表明，进食白葡萄酒、红葡萄酒和葡萄籽提取物（GSE）均能显著提高人体血液中脂联素水平，降低心肌梗死的风险（Opie & Lecour, 2007）。

红葡萄酒中有益于心血管疾病治疗的主要成分为白藜芦醇和原花青素，白葡萄酒中的主要活性成分为咖啡酸、酪醇和羟基酪醇。也有研究指出，葡萄酒缓解心血管疾病的功效可能与酒精有关。这是因为，适量的酒精能够提高血液中的高密度脂蛋白含量，降低血浆中的纤维蛋白原水平，防止血小板聚集。

二、葡萄酒与2型糖尿病

2型糖尿病的显著特征是，周围组织中葡萄糖代谢减少、胰岛素抵抗、肝脏葡萄糖生产过剩，以及胰腺β细胞缺陷等。与2型糖尿病相关的血管风险指标有，内皮功能障碍、氧化应激（尤其是饭后）、炎症和胰岛素抵抗等。

有证据表明，适量和有规律地饮用红酒，可以预防2型糖尿病及其相关并发症的发生（Caimi et al., 2003）。这种功效主要与红葡萄酒中所含多酚物质的抗氧化活性有关。研究证明，葡萄酒中含有的白藜芦醇、槲皮素、儿茶素和原花青素等酚类物质有抑制高血糖、改善β细胞功能、防止β细胞流失等多种功效。在2型糖尿病肥胖受试者的治疗中，饮用红葡萄酒能够显著改善患者体内的炎症和高血糖状态，降低机体的氧化应激和总胆固醇水平（Kar et al., 2009）。

流行病学研究表明，适度并规律地饮用葡萄酒可以使2型糖尿病的风险降低约30%（Howard et al., 2004）。与麝香葡萄汁相比，2型糖尿病患者连续28天，在进餐时饮用150 mL麝香葡萄酒（特别是多酚含量高的红葡萄酒）或经过脱醇处理的葡萄酒，均能显著降低患者的血糖、胰岛素和糖化血红蛋白水平，表现出缓解糖尿病症状的作用（Banini et al., 2006）。

三、葡萄酒与代谢综合征

代谢综合征是指人体的蛋白质、脂肪和碳水化合物等物质发生代谢紊乱的病理状态，是导致糖尿病和心血管疾病的危险因素。多项研究表明，适度饮用葡萄酒可以预防代谢综合征及其相关的并发症（Leighton et al., 2006）。其潜在机制可能是，红葡萄酒中的多酚成分能够增强内皮细胞的一氧化氮合酶活性。该酶在代谢综合征患者中的活性异常降低。

也有研究表明，饮用葡萄酒还有预防癌症、骨质疏松、老年性黄斑变性、神经系统紊乱（如痴呆、中风、阿尔茨海默病），降低肺功能损伤（如慢性阻塞性肺病、急性呼吸窘迫综合征和高原肺水肿），抑制口腔链球菌感染，降低幽门螺旋杆菌感染率等功效（Guilford et al., 2011）。

虽然有关葡萄酒生理功能及其作用机制还在不断的研究与更新中，但至少可以根据现有研究结果确定，适量定期地饮用葡萄酒，特别是红葡萄酒对改善心血管疾病、代谢综合征，以及多种疾病都有很好的缓解作用。

四、其他功能

除了辅助治疗上述疾病外，饮用葡萄酒还具有以下功效。

镇静作用：葡萄酒中的成分能够作用于神经中枢，饮用少量葡萄酒既可以平息焦虑的心情，又可以避免服用有副作用的镇静剂。

助消化作用：红葡萄酒中的单宁可以增加肠道肌肉系统中平滑肌纤维的收缩，调整结肠的功能，对结肠炎有一定疗效；甜白葡萄酒中含有的山梨酸钾，则有助于胆汁和胰腺分泌，有助于食物消化和营养吸收，还能补充人体所需要的氨基酸。

利尿作用：白葡萄酒中的酒石酸钾和硫酸钾含量较高时，有利尿、防止水肿的作用。

杀菌作用：葡萄酒中含有多酚类物质、酒精和酸度，这些成分都具有杀菌作用。

改善血液黏稠度：适度饮用白葡萄酒和红葡萄酒，都有助于改善血液黏稠度。

第四节　葡萄酒的正确饮用

虽然饮用葡萄酒有诸多好处，但是选酒不当，或者饮用方法错误都会对健康造成伤害。因此，应该根据季节、身体状况选用适宜的葡萄酒种类，并且采用正确的方式饮用，才能真正起到有利于身体健康的作用。

一、不正确的葡萄酒饮用方式

1. 与碳酸饮料混饮

不宜用雪碧、可乐等碳酸饮料兑葡萄酒饮用。一方面是因为酒精会在碳酸作用下更快地通过血脑屏障进入大脑，造成伤害；另一方面是因为兑了碳酸饮料的葡萄酒口感较好，容易导致过量饮酒，从而伤害身体。

2.多酒种混饮

我国自古有"酒不混饮"之说。宋代陶谷在《清异录》中提到"酒不可杂饮，饮之，虽善酒者亦醉。……乃饮家所深忌"。如果确需混饮，可以按照先啤酒，后葡萄酒，最后烈酒的顺序较好。

3.酒后饮用浓茶

虽然有"浓茶解酒"之说，但是因为茶碱有利尿作用，会使尚未分解的乙醛过早地进入肾脏，但是肾脏并没有解毒功能，从而容易使饮酒者患上肾病。

4.空腹饮酒

在饮酒前保证胃中有食物，可以使酒精在胃中停留时间长一点，从而有助于减缓酒被吸收到血液的速度，避免急性酒精中毒和宿醉。提倡餐酒搭配进食有两个原因：一是胃内壁和肝脏中都有乙醇脱氢酶，提前进食能够延长酒精在胃里的停留时间，可以使酒精在经该酶水解后，再进入肝脏代谢，否则，会加重肝脏的解毒负担；二是葡萄酒与食物搭配进食能够缓解脂肪积累，有利于防止脂肪肝的发生。

5.过量饮用

过量饮酒不利于身体健康。出于保健和治疗心血管疾病饮用葡萄酒时，每天的饮酒量应控制在半瓶以内（约350～400 mL）。每个人应该根据自身状况，把握适宜的饮酒量。

二、饮用葡萄酒的禁忌事项

1. 与茶或咖啡同饮

喝酒会使心跳加快，促进血液循环。茶和咖啡也有同样功效，两者同时饮用，会增加心脏压力。

2.特殊人群饮用葡萄酒的禁忌事项

心脑血管疾病患者：最好饮用红葡萄酒，而且需要咨询医生，以确定适宜的饮用量。

糖尿病患者：可饮用干型、低酒精度的葡萄酒，同时需要将酒精热量计入总热量。

高血压患者：成年男性每天摄入酒精量在18～24 g，血压会有所下降，女性的下降幅度大于男性。以酒精度为12%的红葡萄酒计算，最高限度为每天200 mL或者更低。饮酒过量会增加肾上腺素分泌，导致中枢血管收缩，反而有升高血压的危险。

肝脏病患者：脂肪肝、肝炎、肝硬化患者都要禁酒，葡萄酒也不能喝。

三、正确的饮酒顺序

如果要饮用多种葡萄酒，可以按照起泡酒、干白、粉红、红、甜的先后顺序饮用。如果反过来，容易发生醉酒，这是因为起泡酒中的碳酸会促进酒精吸收。

四、正确的饮酒时间

饮酒量一定，延长饮酒时间，有利于肝脏对酒精的分解。理论上，肝脏每小时能分解6～9 g酒精。缓慢饮酒时，肝脏可以轻松地将进入体内的酒精分解掉；如果饮用太急，则会对肝脏造成损害。

五、酒水同饮

葡萄酒有利尿作用，喝酒过多时会导致体内缺水。此时喝水不仅可以补充水分，还可以使进入体内的酒精浓度呈波浪状变化，减少肝脏损伤。

第四章　静态葡萄酒

静态葡萄酒是相对起泡葡萄酒而言，指不含二氧化碳的葡萄酒，按照颜色通常可分为红葡萄酒、白葡萄酒、桃红葡萄酒。除了酿酒用葡萄品种和产地外，酿酒过程中是否去皮、去梗，是否用橡木桶陈酿，发酵温度的高低等都会影响静态葡萄酒的颜色与风味。本章重点介绍不同种类静态葡萄酒的特点，以及影响其品质的主要因素。

第一节　静态葡萄酒的颜色与影响因素

从分类角度来讲，酿造工艺的不同在很大程度上决定了红葡萄酒、白葡萄酒、桃红葡萄酒的颜色与风味。

一、葡萄酒的颜色来源

葡萄酒的颜色主要与花色苷含量有关，并影响葡萄酒的色泽和口感。花色苷主要存在于红色葡萄品种的果皮中，并在浸渍过程中进入酒液。葡萄酒中的花色苷主要是单体花色苷和聚合花色苷。

欧亚种葡萄主要含有五种基本花色苷单体：花青素（cyanidin）、花翠素（delphinidin）、二甲花翠素（malvidin）、甲基花翠素（petunidin）和甲基花青素（peonidin）。它们的结构不同，呈现的颜色也不相同。其中，花青素赋予酒液以橙红色，甲基花青素则赋予酒液以深红色，花翠素、甲基花翠素和二甲花翠素则使酒液呈蓝红色。

在赤霞珠葡萄酿造开始的前20天，葡萄酒液的颜色呈现先加深后减淡，再基本保持稳定。这是因为，花色苷在一开始被很好地从葡萄皮中浸提出来，导致色度增加，但是随着酒精的产生，破坏了部分辅色的花色苷。

二、酿造工艺对葡萄酒颜色的影响

不同静态葡萄酒的酿造工艺如图4-1所示，其异同之处如表4-1所示。除了图中所示酿造工艺外，桃红葡萄酒还可以通过直接压榨、短期浸渍、混合调配等方法酿制而成。其中，直接压榨法所用葡萄品种主要是赤霞珠和西拉，葡萄皮中的色素在榨汁环节进入汁液；短期浸渍法是使用颜色较浅的葡萄品种进行酿造，浸渍时间不超过48 h；混合调配法则是用红皮白汁的葡萄品种酿制而成，或者加入10%的红葡萄酒。

红葡萄酒和桃红葡萄酒的主要区别在于浸渍时间长短不同。白葡萄酒与其他两种葡萄酒的区别在于所用葡萄品种和发酵温度不同，且最大的特点是去皮去渣发酵。不同酿造工艺使得白葡萄酒极少带有来自葡萄果皮的颜色与涩味，加之发酵温度低，从而使得舒爽的酸度、清淡的花香成为白葡萄酒的特点；厚重的颜色、浓厚的涩感、浓郁的果香和花香则是红葡萄酒的代表；桃红葡萄酒则因为浸渍时间较短，在颜色、香气、酒体等方面介于红葡萄酒和白葡萄酒之间。

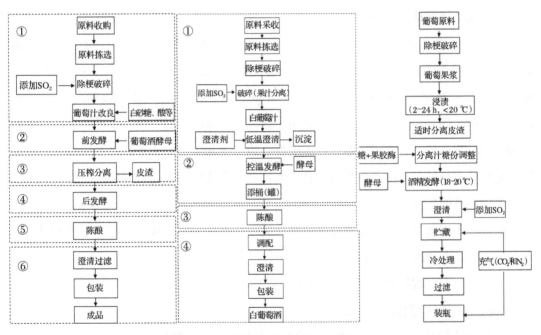

图4-1　不同葡萄酒的酿造工艺流程

（左）红葡萄酒，（中）白葡萄酒，（右）桃红葡萄酒

红葡萄酒酿造流程　　　　　白葡萄酒酿造流程

表4-1　不同葡萄酒酿造工艺的异同之处

工艺流程	葡萄酒种类				
	红葡萄酒	桃红葡萄酒	淡红葡萄酒	干白葡萄酒	甜白葡萄酒
甄选	+	+	+	+	+
果梗分离与葡萄轻微压皮	+	+	+	加榨汁	不需果梗分离但需榨汁
浸皮	15～21天	压榨时浸皮12 h或进行榨汁	24～36 h	/	/
酒渣分离	/	酒渣分离只有在浸皮的工序后才进行	/	+	/
发酵温度	28～30℃	18～20℃	18～20℃	18～20℃	+
换酿酒罐和榨汁	+	/	/	/	/
乳酸发酵	+	/	一般不采用	可选方式	+

注：'+'表示有该工序；'/'表示无该工序。

三、葡萄品种对葡萄酒颜色的影响

1. 红葡萄酒酿造用葡萄品种

红葡萄酒酿造用葡萄品种主要分为两类：一类是红色葡萄品种，主要赋予葡萄酒的红色。这类葡萄品种的果皮颜色多为紫色或紫黑色，主要品种有赤霞珠（Cabernet Sauvignon）、梅洛（Merlot）、佳丽酿（Carignan）、品丽珠（Cabernet Franc）、蛇龙珠（Cabernet Gernischt）等。另一类是用于调色和调香的葡萄品种。主要用于弥补酿酒葡萄酒的颜色比较浅，所得原酒成色不够好，或者香味不够浓郁等缺陷。如烟73、晚红蜜就是品质优良的调色用葡萄品种，其主要特点是果实的皮肉均呈深紫色、紫红色或红色，所酿酒液的色价高。

此外，不同葡萄品种的花色苷含量和种类也会有所不同，从而决定了使用不同葡萄品种酿造的红葡萄酒在颜色上也会有所差异。

（1）不同葡萄品种的花色苷含量从高到低依次为：梅洛>宝石>晚红蜜>蛇龙珠>西拉>赤霞珠>品丽珠>黑比诺>马瑟兰。

（2）不同葡萄品种所含花色苷的种类也会有所不同：黑比诺有5种花色苷，其余酿酒葡萄品种有9种。

（3）同一葡萄品种，产地不同，其中的花色苷含量和种类也会有所差异。例如，河北怀来的赤霞珠和梅洛果皮中的花翠素3-O-葡萄糖苷、甲基花翠素3-O-葡萄糖苷、花青素3-O-葡萄糖苷、甲基花青素3-O-葡萄糖苷含量高于山东烟台和甘肃河西走廊；甘肃河西走廊的赤霞珠和梅洛果皮中的二甲花翠素3-O-（6-O-咖啡酰）-葡萄糖苷含量则高于其他两个产区。

2. 白葡萄酒酿造用葡萄品种

酿造白葡萄酒所用葡萄品种主要有两类：

一类是果皮和果肉均为无色、浅绿、浅黄带绿，或者浅黄的白葡萄，如国内普遍种植的意斯林（Italian Riesling，又名贵人香）、霞多丽（Chardonnay，又名莎当妮）、威代尔（Vidal）等。

另一类是果皮略带颜色，一般为红或淡紫色，果肉无色的红葡萄。这类葡萄在酿造白葡萄酒时，需要快速地将果皮和果汁进行分离，防止果皮中颜色进入葡萄汁中。国内普遍种植的这类葡萄有玫瑰香（Muscat）、佳丽酿（Carignan）等。

3.桃红葡萄酒酿造用葡萄品种

酿造干型桃红葡萄酒的葡萄品种主要有玫瑰香、法国蓝（Blue French）、黑皮诺（Pinot Noir）、佳丽酿（Carignan）等。近年来，国内有人开始尝试用巨峰葡萄来酿造桃红葡萄酒。不同葡萄品种酿造的桃红葡萄酒风味不同，如法国桃红葡萄酒的色泽较浅，有哈密瓜、柠檬和西芹的味道，巨峰葡萄酒则有草莓的香气。

四、酿酒酵母对葡萄酒颜色的影响

酿酒酵母的细胞壁会对酒液中的花色苷产生吸附作用。酵母细胞也会对硫化物、短链脂肪酸、芳香类化合物和色素类等物质产生吸附作用。正是由于这些吸附作用，在比较传统的香槟产区，酵母细胞也被当作澄清剂使用。

酵母细胞对花色苷的吸附能力与其细胞壁的结构和成分、带电量、电量分配，以及可接触面积等因素有关。酵母的细胞壁对不同花色苷的吸附作用不尽相同：对酰基化和甲基化花色苷的吸附能力较强，而对非酰基化和羟基化花色苷的吸附能力较弱。

此外，酵母细胞对不同花色苷的吸附能力还与花色苷本身的极性有关。一般而言，非极性的物质更容易被酵母吸附。这可能是因为，酵母细胞壁中含有的甘露糖蛋白可以通过疏水作用与花色苷形成复合物，从而达到吸附的作用。具有生长活力的酵母细胞在葡萄酒酿造过程中会释放出甘露糖蛋白；酵母细胞衰老时，细胞壁会在β-1，3葡聚糖酶的作用下被降解，使甘露糖蛋白和酵母细胞内成分释放到葡萄酒中，并与花色苷结合，从而提高花色苷在中性条件下的稳定性、抗氧化性，使花色苷的半衰期延长4～5倍。在酿酒过程中加入甘露聚糖，可以提高花色苷的稳定性。

细胞壁对花色苷的吸附作用还会对葡萄酒的颜色产生一定影响，具体表现为使酒液的黄色色调增加，蓝色色调减少。

五、酒精含量对葡萄酒颜色的影响

在葡萄酒发酵过程中，葡萄汁中的糖分会被酵母菌转化为酒精。不同酵母菌株产生酒精的速度不同，葡萄汁中糖分被消耗的速度也会有所差异。在发酵初期，葡萄汁中糖浓度较高，有助于保护酒液的颜色，其主要机理是：糖浓度较高时，酒液中水分活度较低，花色苷转变为假碱式结构的速率减慢，稳定性较好；随着酒精发酵过程的进行，糖浓度逐渐降低，酒液中水分活度增大，花色苷的降解速度增加，从而不利于酒液颜色的稳定。

六、果胶酶的使用对葡萄酒颜色的影响

在浸渍过程中加入果胶酶可以破坏细胞壁，促进果皮中花色苷等酚类物质释放出来，从而促进花色苷和优质单宁的浸提。优质单宁一方面具有抗氧化活性，能够防止花色苷的氧化，另一方面还可以与花色苷结合，形成稳定的复合物。因此，加入果胶酶具有稳定葡萄酒中色素的作用。

果胶酶的种类和使用量，也会对葡萄酒中花色苷含量产生一定影响。在葡萄酒浸渍过程中使用的果胶酶复合物中，除了果胶酶以外，还含有纤维素酶、半纤维素酶、聚半乳糖醛缩酶。

七、冷浸渍对葡萄酒颜色的影响

冷浸渍处理中的酒液温度一般保持在10 ℃以下。与传统的浸渍方法相比，冷浸渍具有以下优点：

（1）抑制酵母菌活性，延迟启动酒精发酵，使得浸渍时间延长，有助于充分浸提出果皮中的花色苷。

（2）提高酒液中非花色苷酚物质的含量。

（3）抑制葡萄汁中氧化酶活性，减少花色苷的氧化。

（4）浸渍时间较长，有利于小分子单宁的浸出，增加的单宁可以和花色苷结合，有利于花色苷的稳定。

八、浸渍时间对葡萄酒颜色的影响

一般而言，浸渍时间越长，浸出的花色苷越多。但是，受多种因素的影响，酒中最终的花色苷含量不一定和浸渍时间成正比。但是，品质不高的葡萄品种，浸渍时间不宜太长；品质较好的葡萄，浸渍时间可以适当延长。不同浸渍时间和不同浸渍温度的组合会使花色苷的结构发生变化，从而使葡萄酒的色度发生改变。

此外，浸渍温度和浸渍时间之间也存在一定的相关性，一般浸渍的温度越高，所需浸渍时间越短；相反，浸渍温度低，浸渍时间要相应延长。随着浸渍时间延长，浸渍出的花色苷含量增加。

此外，将通过其他工艺提取的葡萄皮，额外地加入新鲜的葡萄醪液中，也可以为酒醪提供其他的颜色和酚类物质。

九、橡木制品对葡萄酒颜色的影响

橡木制品的添加在葡萄酒生产中已经越来越普遍，并已得到相关国际组织的授权。欧洲很多国家都会在葡萄酒生产中用到橡木制品。在葡萄酒发酵前添加橡木制品，橡木中的酚类物质可以与葡萄酒中的花色苷形成反应，从而增加葡萄酒颜色的深度，使葡萄酒的色泽更加稳定，品质更高。使用橡木粉的效果优于使用橡木片。

十、辅色物质对葡萄酒颜色的影响

葡萄酒中的酚类物质是最安全，也是最常用的改良葡萄酒颜色的辅色物质。这些酚类物质可以通过与酒液中的花色苷和金属离子进行共价反应，增强葡萄酒的颜色强度。例如，酚类物质会与Cu^{2+}、Al^{3+}形成一种螺旋状聚合体，从而利于葡萄酒蓝色调的发展。

酚类物质的辅色作用会因其化学性质的不同而有所差异。其中，辅色效果最佳的是黄酮醇，其次为酚酸类化合物（羟基肉桂酸>羟基苯甲酸），黄烷醇的辅色效果最差，但其在葡萄酒中含量很高。黄酮醇主要来源于葡萄果皮，是植物组织为减少过度紫外线照射而产生的次生代谢产物，可为葡萄酒提供黄色色调。在葡萄果实生长过程中，受到强紫外线照射，会有助于提高这类物质的含量。

十一、陈酿时间对葡萄酒颜色的影响

"年轻"的干红葡萄酒通常呈现为深红色或紫红色。随着陈酿的进行，葡萄酒的颜色会逐渐加深，红葡萄酒会变成优雅的宝石红色或琥珀红色，陈酿时间更长时，甚至变成砖红色。

在陈酿期，葡萄酒中锦葵花色苷及其酰化形式会逐渐被其他花色苷衍生色素所取代，聚合型色素开始占主体。吡喃花色苷（vitisins）就是这种聚合型色素的一种。它们是单体花色苷和酰化花色苷与乙醛、丙酮酸、羟基肉桂酸等物质发生反应后，形成的含有吡喃环结构的新型衍生色素。这些花色苷再通过加成、缩合等反应，进一步形成结构更复杂的聚合花色苷，其稳定性也随之增强。

葡萄酒的陈酿实际上是一个缓慢的微氧化过程。在这一过程中，酒液中的乙醇被氧化成乙醛，Vitisins B、Portisins和黄烷醇-吡喃花色苷的含量明显增加。苹果酸-乳酸发酵后的葡萄酒经微氧化处理，也会提高酒中的Vitisins B和羟基吡喃花色苷含量。例如，在赤霞珠葡萄酒中定期通入氧气，可使酒液中的单体花色苷降解，但聚合型花色苷含量

逐渐积累。

上述各因素对葡萄酒颜色的影响可总结如图4-2所示。

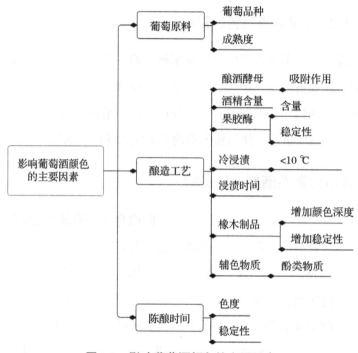

图4-2　影响葡萄酒颜色的主要因素

第二节　静态葡萄酒的风味来源与影响因素

一、静态葡萄酒的风味来源

葡萄酒中的挥发性香气物质是决定葡萄酒风味和典型性的重要因素，也是衡量葡萄酒质量的重要指标。这些成分大部分来源于酒精发酵过程，以及陈酿期的化学反应和生物反应。这些化合物依靠自身携带的功能基团产香，并在葡萄酒中相互影响、相互补充，形成了风格迥异的葡萄酒。

按其来源不同，可以将葡萄酒的香气分为品种香、发酵香和陈酿香3类。其中，品种香来源于葡萄果实，发酵香来源于发酵过程，陈酿香来源于陈酿期。葡萄品种、产地和酿酒工艺都会影响葡萄酒中挥发性物质的种类与含量，进而影响其风味。

目前已鉴定出的葡萄酒中挥发性物质有1 300多种，涉及醇类、酯类、酸类、酮类、烯醇类、醛类、烯烃、含硫化合物、含氮化合物和杂环类化合物等多种类型。每种挥发性物质的含量和阈值不同，它们在不同葡萄酒中的含量也不尽相同。这些物质在种类和含量上的微小差异都会导致葡萄酒风格产生很大变化。

二、葡萄品种对葡萄酒风味的影响

葡萄原料本身会含有一些挥发性物质，并在酿造过程中保留下来。这部分物质主要赋予葡萄酒的果香味。葡萄果实中本身所含这些物质的种类、浓度、优雅度等，都会对葡萄酒的最终风味产生重要影响。

葡萄果实中挥发性物质的种类与含量除了与其品种本身特点有关外，还与果实的成熟度有关。例如：用成熟度好的赤霞珠浆果酿造的葡萄酒，具有明显的黑樱桃和黑加仑等浆果的香气；用成熟度低的赤霞珠浆果酿造的葡萄酒，则具有较浓的青草或青苹果的植物气味。这是因为，葡萄果实中的香味物质是在果实生长发育过程中产生的，果实的生长时期不同，其中含有的香味物质的种类与含量也不相同。

三、酿酒酵母对葡萄酒风味的影响

葡萄酒的发酵是酵母菌将葡萄中的糖分转化为酒精，并生成一系列醇类、酯类、酸等挥发性物质的过程。酿造中所用酵母菌株不同，由其代谢产生的物质种类和产量也不同，因此会赋予葡萄酒不同的风味特征。

酿酒酵母对葡萄酒中挥发性物质的影响主要体现在三个方面：一是，在发酵期间，酵母菌的生长与代谢会对来自葡萄浆果的品种香气进行修饰和矫正；二是，伴随着酒精发酵的进行，酵母也会代谢产生一些其他的醇类、酯类等一系列挥发性物质；三是，酵母可以通过自溶作用，影响葡萄酒的挥发性物质、其他成分及酒体特征。

所用酵母不同，产生的葡萄酒中风味物质种类与含量也会有所差异。其原因主要是，不同酵母菌株含有的糖苷酶活性和代谢途径不同，从而对来自葡萄果实的这些挥发性物质的前体物的作用也不相同，进而形成不同的发酵香。需要说明的是，使用不同的酵母菌株并不会对葡萄酒中主要挥发性物质的种类产生明显影响，但会导致其含量改变，同时一些微量的挥发性物质种类会有所变化。如果这些物质的阈值比较低，就会成为影响葡萄酒挥发性物质风格的重要成分。

在酿造过程中，除了使用单一酵母菌外，还可以同时使用多种酵母进行共发酵，从而增加酒中挥发性物质的种类或含量。

四、果胶酶使用对葡萄酒风味的影响

葡萄中挥发性物质主要有游离态和结合态两种类型：游离态的物质可以在酿造过程

中直接参与葡萄酒的挥发性物质形成；以糖苷、半胱氨酸衍生物等形式存在的挥发性物质的前体，则需要经过水解释放，才能变成可以被感知的挥发性物质。

在酿造过程中加入果胶酶可以降解葡萄果皮，使那些原本与细胞壁结合、包含在细胞内的挥发性物质、参与挥发性物质合成的酶类，以及挥发性物质的前体物质等被释放出来，从而有利于增加葡萄酒的风味。

浸渍时所用的酶类不同，也会对葡萄酒中挥发性物质的种类与含量产生不同的影响。添加浸渍酶可以提高果皮中多酚和色素的浸出量。这些非挥发性物质可以作为支撑体，对挥发性物质起到一定的保护作用。

五、浸渍工艺对葡萄酒风味的影响

浸渍工艺也会影响葡萄酒的风味物质组成与含量。例如：同样是赤霞珠葡萄，用传统浸渍法生产的葡萄酒中主要香气为甘草味和木味；用冷浸法生产的葡萄酒风味更加浓郁和优雅、色泽鲜艳、口感丰满、香气浓郁、更易贮藏；用CO_2浸渍法（即将整粒葡萄放置于充满CO_2的无氧环境中浸渍若干天以后再进行发酵）生产的葡萄酒中李子味和樱桃味较为浓郁；用热浸渍法（即先将葡萄醪加热浸渍一段时间再冷却到室温后进行酒精发酵）生产的葡萄酒中单宁含量高，果香味突出，但是温度过高则会使香气过早散逸。

除浸渍工艺外，冷浸渍时间也会影响葡萄酒中挥发性物质种类与含量。其中，以对醇类的影响最为显著：冷浸渍3天时的含量最高，之后逐渐下降；而冷浸渍5天时的种类最多。随着冷浸渍时间的延长，葡萄中酯类化合物的浸出量增加，有机酸类含量减少，羟基类化合物在浸渍后期也表现为逐渐降低的趋势。冷浸渍7天时酒中挥发性物质种类和含量都比较少。因此，可以根据所需风味物质的浸渍特点，调整最佳冷浸渍时间。

白葡萄品种的香气物质主要来自于葡萄果皮，通过低温浸渍工艺，可以更加充分地浸提出果实中的品种香气，特别是提高酒液中的酯、酸和萜烯类物质的含量。同时，低温浸渍工艺可以增强白葡萄酒的收敛性，产生"生青味"，而且酒液不易褐变。

除葡萄原料、酿酒酵母、果胶酶和冷浸渍外，产区的气候、土壤类型，以及采摘方式等其他因素也会直接或间接地影响葡萄原料的成熟度、健康状况等，进而影响葡萄酒风味。

六、非酿酒酵母对葡萄酒风味的影响

葡萄酒发酵过程中，酿酒微生物的种群组成及变化，也会对葡萄酒中挥发性化合物产生重要影响。早期的研究认为，非酿酒酵母（non-Saccharomyces）在酿造过程中的酒精耐受力差，发酵能力有限，可能会产生不良代谢产物，因而不适宜酿造葡萄酒。然而，

近年来的研究表明，在发酵早期接种非酿酒酵母，并用其与酿酒酵母（*Saccharomyces cerevisiae*）进行混合发酵，能够增加葡萄酒香气的复杂性和风格的独特性。

例如，德尔布有孢圆酵母（*Torulaspora delbrueckii*）和酿酒酵母混合发酵，能够显著增加娜琳希（Narince）葡萄酒中高级醇、苯乙醇、萜烯类和酯类化合物含量，同时减少葡萄酒中挥发酸、乙醛等不良风味化合物的生成，提高葡萄酒的香气强度和复杂性。

七、橡木制品对葡萄酒风味的影响

在葡萄酒发酵中添加橡木制品，可以使橡木中一些挥发性物质浸入葡萄酒中，增加葡萄酒的香气。

八、添加果皮对葡萄酒风味的影响

葡萄的香气成分主要存在果皮部位，增大发酵液中的果皮含量，有利于果皮中香气物质的提取，提高葡萄酒香气的浓郁度。

九、陈酿工艺对葡萄酒风味的影响

葡萄酒的一生需要经过成长期、适饮期、巅峰期和衰老期四个过程。

陈酿对改善葡萄酒品质起着至关重要的作用。刚发酵完的葡萄酒口感粗糙、香气单一、平衡感和稳定性差，酒液中的醇、酯、醛、酸等成分比例不协调。随着葡萄酒陈酿时间的延长，葡萄酒中的果香、酒香减弱，醇香变浓。

此外，陈酿处理还可以去除葡萄酒发酵中产生的果胶、蛋白质等大颗粒悬浮物质，去除发酵液原本的生硬粗糙的口感，以及一些异味，保留葡萄的品种香，增加发酵香和陈酿香（主要包括橡木桶中浸出香味物质，氧化产生香味物质，以及产生瓶贮香气），提高酒液的浓度和复杂性，使得葡萄酒的口感和香气达到最佳。

以红葡萄酒为例，酒液在陈酿过程中主要变化如下。

1. 感官变化

陈酿后的干红葡萄酒，由单一的葡萄浆果香气转变成发酵香和陈酿香；口感上的苦涩味和粗糙感减弱，变得更加复杂、醇厚、结构饱满、均衡。

2. 香气变化

发酵和橡木桶陈酿是除葡萄果实以外，葡萄酒中酚酸的另外来源。在酵母或乳酸菌分泌的酶的作用下，葡萄汁中的羟基肉桂酸酯被水解成挥发酚。这些水解产物中的4-乙基愈创木酚和4-乙烯基愈创木酚表现为烟味，香草素表现为丁香味，由污染微生物产生的愈创木酚则会为葡萄酒带来异味。

3. 陈酿香气的形成

陈酿香是在葡萄酒陈酿过程中形成的。陈酿条件会直接影响陈酿香的形成。主要的影响因素包括陈酿用橡木桶、还原条件和氧化条件。

品种香向陈酿香转化是葡萄酒成熟的一个重要现象。在这一过程中，酒液中的不同物质之间发生环合作用、氧化作用等化学反应，使得葡萄酒香气向更浓厚的方向发展，同时果味特征减弱，各种气味趋于平衡、融合、协调。

在成熟过程中，单宁变化也是葡萄酒醇香的重要构成部分。来自葡萄品种的优质单宁，会在陈酿过程中变成挥发性物质，呈现为醇香。在陈酿开始的几年里，葡萄酒的还原条件越好，醇香质量越高。在橡木桶或贮酒罐中，醇香可以发展到一定浓度，但其最佳状态是在瓶内，即在严格的还原条件下形成的。

综合上述内容，可将葡萄酒风味的影响因素总结如图4-3所示。

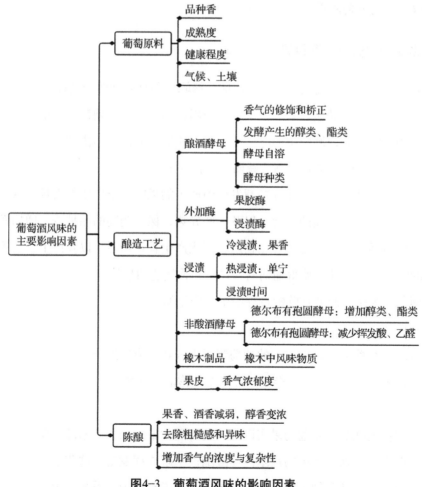

图4-3　葡萄酒风味的影响因素

第三节　静态葡萄酒的口感来源与影响因素

一、影响葡萄酒口感的主要成分

葡萄果实中的风味物质是构成葡萄酒风味特征、个性特点和感官质量的重要因素。葡萄和葡萄酒中的化学成分十分复杂，主要包括糖类、酸类、酚类、挥发性香气物质及其他成分。它们会对葡萄酒的风格、风味、口感产生重要影响。

1. 糖类

糖不仅是葡萄果实中的主要营养物质和呈味物质，也是判断果实成熟的重要指标。葡萄浆果中的糖是酒精发酵的基础底物，它直接决定着葡萄酒潜在的酒精度和可能的残糖含量，又可发展为葡萄酒的潜在风味。糖类物质不仅会影响葡萄酒的体态构成，还是形成葡萄酒中风味物质的前体，并对葡萄酒的口感及其后期的深加工产生重要影响。例如，色素必须依靠糖才能表现出来，因为糖是它们的前体物质，葡萄酒的醇厚丰满与糖含量存在密切关系；同时，糖类物质经酵母发酵生成乙醇，纯净的乙醇不仅表现为甜味，而且是葡萄酒中芳香物质的载体。

按照糖的可发酵性，可将葡萄中的糖分为发酵糖和不可发酵糖两大类。其中，可发酵糖主要有葡萄糖和果糖，占葡萄汁中总碳水化合物的99%以上。它们可以被酵母菌利用，并转化为酒精。不可发酵糖是少量蔗糖、水苏糖、棉子糖、蜜二糖、麦芽糖、半乳糖、甘露糖、鼠李糖、木糖等其他糖类。这些糖中，只有少部分可以在发酵中被酵母代谢利用，多数不能被酵母利用而被残留在葡萄酒中，与残留的葡萄糖和果糖一起，赋予葡萄酒的甜味和圆润感。酿造优质葡萄酒的葡萄浆果中糖含量必须达到170 g/L以上。

2. 酸

酸是平衡葡萄酒的甜度、酒精、水果风味的关键因素。酸含量的高低对葡萄酒的组成成分、稳定性和感官品质都有重要影响。酸的种类和浓度能够调节葡萄酒的"酸碱平衡"，影响着葡萄酒的口感。

适宜的含酸量可以赋予葡萄酒好的结构感，对葡萄酒的口味有决定性作用。当葡萄酒中的总酸含量高于8 g/L时，会使人感到葡萄酒粗糙、刺口、生硬、酸涩；低于5 g/L时，会使人感到葡萄酒柔弱、平淡、乏味。酸与其他成分不平衡时，葡萄酒会显得消瘦、枯燥、味短；只有酸度适宜，并与其他成分平衡时，葡萄酒才能达到一种圆润柔和的状态。

3.酚类物质

酚类物质主要赋予葡萄酒苦味和收敛性。葡萄酒在这种口感上的差异性还与酚类物质的种类、含量、分子结构、聚合度等有关。

聚合单宁，也称为原花青素，是葡萄酒中含量最多的酚类。小分子缩合单宁既苦又涩，大分子缩合单宁则对葡萄酒的味觉影响较小。葡萄酒的苦涩味主要是由儿茶素、表儿茶素和原花青素形成的低聚体单宁，尤其是缩合单宁产生的。黄烷-3-醇单体同时具有苦味和收敛性，是葡萄酒中主要的"苦味因子"。葡萄酒在橡木桶中熟化时，从桶中浸出的水解单宁会增加葡萄酒的涩味，浸出的肉桂醛和苯甲醛的衍生物则会增加葡萄酒的苦味。

干红葡萄酒的涩感可以分为四种类型：平滑、颗粒、生青、复杂。不同葡萄酒中的酚类物质会在种类和含量方面存在一定的差异性。只用总酚含量来评价葡萄酒的涩感强度是不全面的，而用蛋白质沉淀法测定出的单宁含量则与感官评价中的涩感强度有着很好的相关性。赤霞珠干红葡萄酒中的儿茶素、表儿茶素、表儿茶素没食子酸酯、原花青素B$_1$、原花青素B$_2$的含量与葡萄酒的干涩和酸涩感有着有较好的相关性。

单宁是对葡萄酒口味影响最大的酚类物质。来源和结构不同的单宁，会赋予葡萄酒不同的风味特征：种子单宁赋予葡萄酒的酒体和骨架感；果皮单宁可使葡萄酒圆润、丰满；果梗单宁则会使葡萄酒过于苦涩。葡萄酒中的单宁含量不足时，酒会发育不良，质地轻薄、柔弱无力、索然无味；单宁含量过高时也会对葡萄酒品质产生不利影响。优质的葡萄酒，应该是酒精、糖、酸，以及单宁等物质相互协调和平衡的结果。较高的花色苷含量和花色苷/单宁比值，可使葡萄酒变得更加浓厚而平衡。

黄烷醇也是葡萄酒中酚类物质的主要成分之一。它支撑起了葡萄酒的"骨架感"，为葡萄酒提供苦味和收敛性的感官特征。葡萄酒中的黄烷醇类化合物主要是黄烷-3-醇单体和原花青素。它们主要来源于葡萄浆果的种子、果皮和果梗部分。原花青素又称为缩合单宁，是由黄烷-3-醇单体直接缩合而成。它提供了葡萄酒的涩味和苦味：聚合度越高、浓度越高，葡萄酒的涩味越重。黄烷醇类的量和组成对红葡萄酒的陈酿能力有着决定性作用，是影响红葡萄酒质量的重要因素。

二、葡萄品质对葡萄酒口感的影响

葡萄原料对葡萄酒的质量、风格等有着决定性影响：葡萄浆果中的糖、酸、单宁含量会随着葡萄的生长成熟而不断发生变化。浆果采收时，这三者的平衡关系对葡萄酒的口感有着决定性作用，也是判断葡萄成熟度和采收期的重要指标。

三、浸渍工艺对葡萄酒口感的影响

浸渍是干红葡萄酒酿造的关键步骤。它的主要作用是将葡萄果肉、果皮和籽中物质提取出来。机械处理虽然可以提高浸渍强度，但同时也会增加葡萄酒醪中的劣质单宁含量，使酒体苦涩感过重；而且机械处理的强度也不好控制。因此，应选择尽量不破坏葡萄固体组织的倒罐方式，获得较为优质的单宁。

此外，葡萄醪液的温度在7～10 ℃时，果实浆果中的小分子酚类物质能够被快速、大量地浸出到酒液中；葡萄醪液温度为28～30 ℃时，则有利于大分子酚类物质的浸出。因此，低温浸渍有利于果皮中芳香物质浸出，但大分子酚类物质的浸出则会受到一定限制。

1. 热浸渍

与传统工艺方法相比，热浸渍生产的干红葡萄酒香气浓郁、味道协调柔和，比传统方法生产的葡萄酒更为成熟，但用该方法生产的葡萄酒不宜久存。为更好地提取果皮中物质，可以在热浸渍结束后，继续进行低温浸渍，可以提高葡萄酒中优质单宁的含量，并进一步影响后续的葡萄酒成熟过程。

2. 低温浸渍

发酵前采用低温浸渍，并在发酵结束后延长后浸渍时间，可以增加葡萄浆果中各种酚类物质的浸出量，使得葡萄酒的结构丰满，贮藏寿命长。但是，低温浸渍对葡萄酒品质的影响也会受制冷方式（采用干冰、液氮，或者热交换器直接对葡萄降温）、浸渍温度、浸渍时间、葡萄品种、年份和成熟度等其他诸多因素的影响。

3. CO_2浸渍

CO_2浸渍，是将整穗葡萄浆果置于充满CO_2的密闭容器中，不添加酵母，使其进行无氧呼吸，在葡萄浆果上自带酵母的作用下，进行葡萄果实的细胞内厌氧发酵，然后再进行压榨和酒精发酵。在此过程中，葡萄浆果中的细胞内部会发生一系列变化，例如，形成酒精、挥发性物质，蛋白质、果胶发生水解，液泡中的物质发生扩散，多酚类物质溶解于果肉中等。与传统工艺相比，CO_2浸渍酿造工艺所得红葡萄酒的pH高，挥发酸高，但酚类物质含量低、酒精度低，颜色较浅。此外，此法对葡萄原料的要求较高，必须是新鲜无污染的葡萄，而且此法所得葡萄酒不宜长期贮藏，不适用于生产陈酿型葡萄酒，更适合生产一些没有典型香气的葡萄酒。

四、闪蒸工艺

闪蒸工艺是利用瞬时高温使葡萄果皮迅速破裂，从而使葡萄果实中香气、颜色、酚类物质得到充分浸提。整个过程在瞬间完成，果肉和葡萄籽几乎不受瞬间高温的影响，减少了葡萄籽中劣质单宁的浸出量。质量好的葡萄原料，经闪蒸处理后，葡萄汁中单宁、色素和香气物质含量均有提高，所酿葡萄酒更适合长时间陈酿，有潜力成为高质量葡萄酒。质量一般的葡萄原料，经闪蒸处理后，可获得较多优质单宁，提高葡萄酒的颜色，增强色素稳定性，使酒体和口感更为复杂多样。

五、酵母多糖的加入

葡萄酒工业中，普遍使用带酒泥陈酿的方法来提高葡萄酒中的酵母多糖含量。然而，陈酿过程中的酵母自溶具有一定的不可控性，如果处置不当，会造成葡萄酒的生青味突出，加剧葡萄酒的氧化，导致有害微生物滋生。因此，人们提出通过外加酵母多糖的方法来提升葡萄酒的口感。

研究表明，加入酵母多糖能显著改善赤霞珠葡萄酒的酒体结构，增加饱满度，均衡酒体，提高色素稳定性，降低单宁的粗糙感和葡萄酒的生青味，酒体的圆润感和单宁的细腻感更加明显；加入甘露糖蛋白，则可以通过与葡萄酒中单宁发生反应，降低葡萄酒的苦涩感，增加其圆润感。

六、橡木制品

在葡萄酒发酵中添加橡木制品，可使橡木中的一些物质浸出，使得葡萄酒的口感变得更加绵柔。

七、陈酿时间对葡萄酒口感的影响

1. 单宁的变化

在葡萄酒的陈酿过程中，酒液中的单宁与其他物质发生聚合反应，对红葡萄酒的滋味和口感均有显著影响。同时，在氧气的参与下，葡萄酒中的分子会发生一系列的化学反应，使得葡萄酒的香气和口感更加醇厚、协调。当儿茶素、原矢车菊素与缩合单宁在红葡萄酒中的含量高于阈值时，会成为葡萄酒涩味和苦味的主要来源。

2. 橡木桶的使用

陈酿过程中，橡木中的多糖和单宁会从橡木中浸出，在葡萄酒中聚合成花青素-单宁-多糖复合物，使葡萄酒的口感变得更为协调、柔和、圆润和肥硕，同时使涩味减轻。从橡木中浸出的水解单宁，对葡萄酒的涩味与苦味有重要影响。水解性单宁比缩合单宁要涩很多。例如，从橡木中浸出的肉桂醛和苯甲醛的衍生物，可使葡萄酒中非类黄酮引起的苦味增加。酒中大多数酚酸的浓度低于感观阈值，但多种酚酸的复合阈值比单个酚酸的阈值低。为此，多种酚酸会共同赋予葡萄酒的苦味和风味。

除涩味与苦味外，橡木中浸出的酚类物质对葡萄酒甜味与酸味识别有着复杂的影响，也可能会直接影响酒体和协调感。

3.轻微氧化

红葡萄酒在陈酿过程中会发生轻微氧化（每年40 mg），其结果之一是单宁形成大分子缩合单宁而沉淀，使得葡萄酒的苦味和涩味降低。因此，长时间瓶贮会有助于老熟酒香的形成。

可将葡萄酒口感的影响因素总结如图4-4所示。

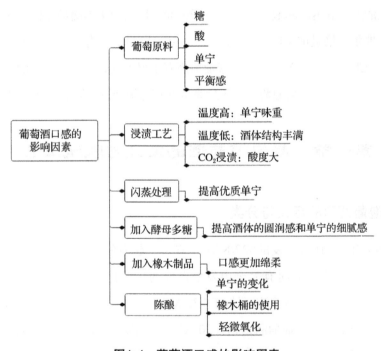

图4-4　葡萄酒口感的影响因素

第五章　起泡葡萄酒

相对于静态葡萄酒而言，起泡葡萄酒在饮用时会在酒杯内产生上升的泡沫，观之令人愉悦，饮之清凉、舒爽。起泡葡萄酒开始于公元14世纪的法国南部地区，至公元17世纪晚期，唐·皮耶尔·培里侬（Dom Pierre Perignon）发明了瓶内二次发酵工艺，也称为香槟法（Methods Champenoise），才使起泡葡萄酒有了很大发展。我国最早的起泡葡萄酒是1912年由北京阜成门外的上义葡萄酒厂（后来的北京龙徽酿酒有限公司）生产的。

第一节　起泡葡萄酒的定义与酿造工艺

一、起泡葡萄酒的定义与分类

欧盟于1987年3月16日颁发的822/87法令规定，起泡葡萄酒是由葡萄酒加工而成的酒精产品，其特征是在开瓶时有完全由发酵形成的二氧化碳的释放，且在密封容器、20 ℃条件下，其中的二氧化碳气压不低于0.35 MPa，酒精度不低于8.5%。GB/T 15037—2006《葡萄酒》规定，起泡葡萄酒是指在20 ℃时，瓶内的二氧化碳压力大于或等于0.05 MPa 的葡萄酒。香槟（Champagne）是特指由法国香槟区生产，而且符合一系列特殊标准的起泡葡萄酒。

根据酒中的二氧化碳含量，可将起泡葡萄酒分为高泡葡萄酒（Sparkling wines）和低泡葡萄酒（Semi sparking wines）。其中，高泡葡萄酒是指20 ℃时瓶内二氧化碳（全部自然发酵产生）压力≥0.35 MPa（容量<250 mL 的瓶子，二氧化碳压力≥0.3 MPa）的起泡葡萄酒；低泡葡萄酒是指在这些条件下的瓶内二氧化碳（全部由自然发酵产生）压力在0.05～0.25 MPa 之间的起泡葡萄酒。根据含糖量不同，可将起泡葡萄酒分为天然、绝干、干、半干、甜五种（国际葡萄酒与葡萄酒组织OIV，2006；GB/T 15037—2006《葡萄酒》，其具体参数如表5-1所示。

表5-1　起泡葡萄酒的类型与主要指标

类型	残糖含量/（g/L）	允许误差/（g/L）
天然（Brut）	≤12.0	±3
绝干（Extra-dry）	12.1～17.0	±3
干（Dry）	17.1～32.0	±3
半干（Semi-dry）	32.1～50.0	—
甜（Sweet）	≥50.1	—

需要注意的是，起泡葡萄酒和葡萄汽酒有本质不同。依据GB/T 15037—2006《葡萄酒》中相关定义，葡萄汽酒（Carbonated wines）是指酒中CO_2是部分或全部由人工添加的，具有与起泡葡萄酒类似物理特性的葡萄酒。所以，起泡葡萄酒和葡萄汽酒的本质区别在于，酒液中CO_2的来源不同：前者全部来自于自然发酵，后者是部分或全部来自于人工添加。

二、起泡葡萄酒的酿造工艺

起泡葡萄酒的发酵过程包括葡萄原酒酿造和葡萄原酒在密闭容器中二次发酵两个阶段。

第一阶段：起泡葡萄原酒酿造。主要包括葡萄压榨、葡萄汁处理、酒精发酵、苹果酸-乳酸发酵（根据需要选择）。酿造时一般选用自流汁，或者自流汁和一次压榨汁。

第二阶段：葡萄原酒在密闭容器中二次发酵。根据所用技术不同，主要分为两类，一类是，葡萄原酒中含糖量很低时，加入足量的糖浆来保证密闭容器中二次发酵的顺利进行，进而产生足量的CO_2；另一类是，葡萄原酒中含糖量很高（其实是发酵不完全的葡萄汁），不需要另外加入糖浆，直接进入二次发酵。

根据二次发酵所用容器，可将二次发酵过程分为瓶内发酵、密封罐内发酵两种类型，瓶内发酵又可分为"传统法"和"转移法"两种。它们的具体酿造工艺如图5-1所示。

起泡葡萄酒酿造流程

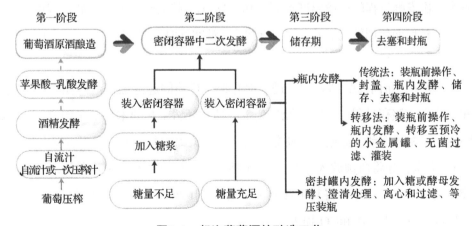

图5-1　起泡葡萄酒的酿造工艺

1.瓶内发酵法——传统法

瓶内发酵，也称为传统法，其主要操作流程如图5-2所示，其中重要的转瓶去塞、补酒和封瓶操作如图5-3所示。

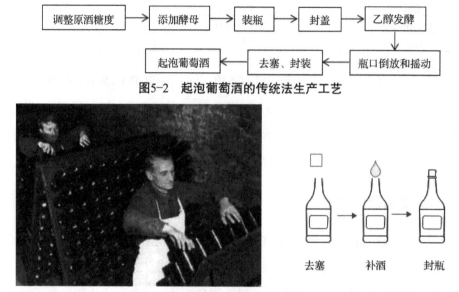

调整原酒糖度 → 添加酵母 → 装瓶 → 封盖 → 乙醇发酵

起泡葡萄酒 ← 去塞、封装 ← 瓶口倒放和摇动

图5-2　起泡葡萄酒的传统法生产工艺

去塞　　补酒　　封瓶

图5-3　传统法生产起泡葡萄酒中的转瓶去塞、补酒和封瓶操作

（1）装瓶前操作：原酒在发酵结束和过滤处理后，其中的残留糖分和酵母数量大幅度降低。例如，干型原酒的糖度小于1 g/L。因此，需要在装瓶前添加一部分糖、新鲜的酵母和一些辅助因子，如氮源、微生物、膨润土等，从而有利于瓶内发酵和去除沉淀。

（2）封盖：装瓶结束后，要及时进行封盖。一般选用皇冠盖封盖，因其密封性优于一般木塞，而且容易去除，能够保证二次发酵的顺利进行。

（3）瓶内发酵：将装瓶后的葡萄酒水平地堆放在横木条上，随后进入瓶内二次发酵。整个二次发酵过程的环境温度控制在10～18 ℃，持续约30天。在此过程中，酵母菌会因为温度较低而代谢缓慢，产生的起泡小、持续时间长，从而有利于酒液中果香味的积累。

（4）储存：瓶内发酵结束后，进入储存期。优质的起泡葡萄酒需储存一年以上，进行充分成熟。储存过程中，需将瓶口朝下，插在倾斜带孔的木架上（倒放），每隔一段时间转动酒瓶并摇动（摇瓶），使瓶内的沉淀物集中到瓶塞上，便于后续去除。

（5）去塞：先将瓶颈放入-20～-12 ℃冷却液（低温盐水）中冷冻处理一段时间，使沉淀冻结于瓶塞上，然后将其正置放于室温，利用瓶内压力，将处于瓶塞处的沉淀冲出，并尽量避免瓶内酒液和CO_2损失。

（6）补酒和封瓶：去塞后的起泡葡萄酒需要及时补加同类原酒，补足损失掉的葡萄酒。干型起泡酒可用同批次的原酒或起泡酒进行补充；含糖起泡酒可用同类原酒配制的糖浆补充。补酒时，也可以加入柠檬酸防止总酸降低，以及加入CO_2或（和）维生素C防止酒液氧化，保护酒中香气。

2.瓶内发酵法——转移法

转移法与传统法的不同之处在于：转移法是在瓶内发酵结束后，将酒液从瓶中转入预冷的小金属罐中，然后再储存8～12天后，在等压条件下进行无菌过滤、灌装。

与传统法相比，转移法大幅度降低了操作强度，而且葡萄酒的调配均匀，提高了葡萄酒的质量稳定性。然而，在传统法的摇瓶和去塞过程实现了自动化，以及密封罐内发酵法出现后，这种方法的使用率降低，并未得到进一步推广应用。

3.密封罐内发酵法

传统法的劳动强度大、技术要求高、时间长、占用面积大，适用于质量高、价格高的香槟酒。为了降低成本，缩短酿造时间，简化酿造工序，以及适应工业化生产需求，很多国家开始采用在密封罐内进行第二次发酵。这种技术省去了摇瓶和去塞工序，而且二次发酵温度较高，容易控制，发酵更快。该方法的主要步骤如下：

（1）酿造葡萄原酒；

（2）加入糖浆，转入密封罐，添加酵母；

（3）在12～15 ℃下发酵1个月；

（4）通过搅拌使葡萄酒与酵母接触一段时间；

（5）用明胶和膨润土澄清；

（6）等气压条件下离心和无菌过滤；

（7）加入调味糖浆，在等压条件下装瓶。

三、起泡葡萄酒的口感与配餐

1.起泡葡萄酒的口感

起泡葡萄酒的口感有以下特点：

（1）开瓶和倒入酒杯时有气泡产生。聆听气泡上升的声音，观赏气泡上升的现象，都是一种享受。

（2）有良好的酸度。起泡葡萄酒中气泡的主要成分是CO_2。CO_2溶于水变成碳酸，使得起泡葡萄酒通常都会有良好的酸度。

（3）有明显的花香和果香。由于要使发酵过程中产生的CO_2充分溶解在酒液，需要保持较低的发酵温度和储酒温度（低温时，CO_2在酒液中的溶解度高）。这种低温能够很好地保持酒液中的香气。因此，起泡葡萄酒通常会有明显的花香和果香。酒中的花香、果香及酸度、酒精浓度达到很好的平衡时，饮用时口感清新优雅，就是一款优质的起泡葡萄酒。

2. 起泡葡萄酒的配餐与饮用

起泡葡萄酒有很好的开胃作用，既可以搭配宴会的头盘，也可以与主菜和甜品搭配，特别是与海鲜的鲜味搭档更佳。为了使气泡在酒液中的上升状态维持更久，饮用前需要进行冰镇处理，控制适饮温度为6～8 ℃。

第二节　香槟

一、香槟的起源

香槟起源于2000多年前的法国马恩河谷（Vallee de la Marne）的兰斯（Reims）。兰斯是法国东北部的一个城市，是香槟-阿登大区（Région Champagne-Ardenne）马恩省（Marne）的副省会（Sous-préfecture），该地的兰斯圣母大教堂十分有名。马恩河谷宽200～300 m，同时具有大西洋温和气候和大陆性气候，为白垩土质，生产的葡萄香味细腻、单宁含量低，果酸和成熟度好，品质独特。

香槟区第一家正规酒厂是哥塞（Gosset），建立于1584年，以静态葡萄酒生产为主。直到修道士唐·皮耶尔·培里侬发明了一整套香槟酒的制作工艺后，才使得香槟酒的口感特别甘美甜口、爽口润肺，从而得到广泛传播。因此，唐·皮耶尔·培里侬也享有"香槟酒之父"的美誉。他还从翻地、绑枝、除草和修剪等方面对葡萄种植进行了精细研究和总结，对后来的葡萄种植业产生了深远影响。

二、香槟的相关标准

公元1891年，法国政府签订了《商标国际注册马德里协定》。此后，"Champagne"一词受到国际法保护。法国原产地命名管理局（INAO）规定：只有用香槟法定产区的规定葡萄品种为原料，以香槟酿造工艺（Methode Champenoise）在香槟区内按相应标准酿制的起泡葡萄酒才有资格称为Champagne。其他地区或国家，即使用相同的葡萄品种，相同的工艺，模仿或复制的起泡葡萄酒都不能自称为Champagne。

1927年，香槟区的原产地控制命名（AOC）系统建立，拟定了针对香槟酒的一系列法律条款，其中规定：香槟酒只能用霞多丽（Chardonnay）、黑皮诺（Pinot Noir）和莫尼耶皮诺（Pinot Meunier）3个葡萄品种酿制，并对葡萄栽培、剪枝、树的高度、间隔、密度、收获、发酵和陈酿等生产工序都做出了明文规定。

三、香槟的生产特点

与起泡葡萄酒的传统酿造工艺相比，香槟在以下方面有所不同。

（1）对酿酒用葡萄品种、葡萄种植地、酿造工艺有明确要求。

（2）通常用来自不同葡萄园、不同品种和不同年份的葡萄酒混合酿造而成，从而保证香槟风味的一致性。

（3）有记年香槟（标注原材料主酒年份）和不记年香槟（不标注具体年份）两大类。

四、有故事的香槟品牌

1. 酩悦（Moët & Chandon）

酩悦香槟是由酩悦（Moët）和尚东（Chandon）两个香槟区望族共建而成。两个家族于公元1816年8月联姻，改名为"酩悦尚东"香槟酒厂。酩悦香槟凭借优良的品质成为法国首个国际化奢侈品牌。酩悦香槟的酒标与市售产品的相关介绍如图5-4所示。

图5-4　酩悦香槟的酒标与市售产品的相关介绍

酩悦的盛名离不开数位历史名人的支持。拿破仑、亚历山大一世、弗兰西斯二世、奥地利皇帝和普鲁士皇帝都曾经参观过酩悦酒厂。他们的到访极大地提高了酩悦香槟酒厂的知名度。据说，拿破仑每次出征前只要痛饮酩悦香槟，就会捷报频传，从而使酩悦香槟有"皇室香槟"之称。1815年，拿破仑兵败滑铁卢，普鲁士和哥萨克掠夺者将酩悦酒厂洗劫一空，使得酩悦香槟得到了广泛传播。

2.巴黎之花（Perrier Jouët）

巴黎之花（Perrier Jouët）创始于公元1811年。当年，尼古拉·马里·佩里尔（Nicolas-Marie Perrier）与阿黛尔·茹埃（Adele Jouët）在埃佩尔奈喜结连理，共同创建了巴黎之花香槟酒厂。高雅精致、追求完美是巴黎之花珍视的价值理念，卓尔不群的品质使其在国际上取得了巨大成功。特别是它的酒瓶设计典雅、精致、美艳。成熟的巴黎之花干型香槟酒的酒液金黄，轻嗅辛辣、芳香，深闻香气新鲜、细致，有成熟樱桃和凤梨的果香，有蜂蜜和花香，口感醇滑圆润。巴黎之花的每一款香槟都被视为艺术精品，曾是英国皇室、瑞典皇室、比利时利奥波德一世、拿破仑三世、黑森-达姆施塔特公国等皇家贵族非常喜欢的产品。

巴黎之花香槟的酒标与市售产品类型如图5-5所示。

图5-5　巴黎之花香槟的酒标与市售产品类型

3.凯歌香槟（Veuve Clicquot）

凯歌酒厂是银行世家出身的菲利普·凯歌（Philippe Clicquot）于1772年建立的。之后由其儿媳——妮可·芭比·帕萨丁（Nicole Barbe Ponsardin）接管，经过改造酿制工艺，发明了香槟摇瓶与除渣技术，使香槟酒变得更加清澈晶莹、毫无杂质。优质的凯歌香槟为金黄色，有微小气泡，有桃和李子的果香和香草的香气。

凯歌香槟的酒标如图5-6所示。

图5-6　凯歌香槟的酒标

第六章　其他葡萄酒

除静态葡萄酒和起泡葡萄酒以外，还可以通过改变生产工艺，得到其他类型的葡萄酒。例如，在发酵结束后，将发酵好的酒液蒸馏出来，得到白兰地；在发酵过程中加入酒精，得到酒精加强型葡萄酒；将葡萄汁浓缩，提高葡萄汁中糖度，再进行发酵，得到甜度很高的葡萄酒。这些葡萄酒的分类和代表性产品如图6-1所示。

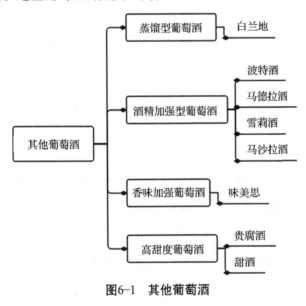

图6-1　其他葡萄酒

第一节　蒸馏型葡萄酒

"白兰地"（Brandy）一词来源于荷兰语"brandewijn"，意为"燃烧的葡萄酒"。白兰地是最早的蒸馏酒，其起源可以追溯到公元 12 世纪，最初是作为药物来用，直到公元 16 世纪才被用于饮用。白兰地是世界公认的八大烈性酒之一，酒精含量一般在40%以上。

狭义上的白兰地，主要是指以葡萄为原料制成的蒸馏酒；广义上的白兰地，可以是用其他水果酿造成的蒸馏酒，但是通常会在其名称前加上水果的名字，如苹果白兰地、樱桃白兰地等。从大类上讲，白兰地属于蒸馏酒；从原料上讲，白兰地属于葡萄酒。

一、主要的白兰地生产国

世界上生产白兰地的国家很多，但以法国最为有名，并以法国干邑地区（Cognac，音译"科涅克"）最佳，其次为雅文邑（Armagnac，音译"阿曼涅克"）地区。干邑位于波尔多产区北面，所产白兰地常带有明显的果香和花香，酒体从轻盈到中等，口感饱满、圆润，有极浓的蜂蜜和甜橙味，橡木味显著。雅文邑位于波尔多南面，所产白兰地常带有果脯味，酒体从中等到偏重。

法国白兰地（Franch Brandy）的酒标上经常会标注"Napoleon"（拿破仑）和"X·O"（特酿）等表示级别，其中以标注"Napoleon"最为广泛。克罗维希（Courvoisier）、马爹利（Martell）、轩尼诗（Hennessy）、人头马（Remy Martin）并称4大干邑。

除法国以外，西班牙、意大利、葡萄牙、美国、秘鲁、德国、南非、希腊等国家也生产一定数量、风格各异的白兰地。

二、白兰地的相关规定

1.中国规定

我国的国家标准将白兰地分为四个等级：特级（XO）、优级（VSOP）、一级（VO）和二级（三星和VS），每个等级对应的贮藏年份如表6-1所示。

各等级缩写中所用字母的具体含义为：E，ESPECIAL（特别的）；F，FINE（好）；V，VERY（很好）；O，OLD（老的）；S，SUPERIOR（上好的）；P，PALE（淡色而苍老）；X，EXTRA（格外的）。

表6-1　我国国家标准规定的白兰地等级

等级缩写	等级全称	贮藏时间/年
XO	Extra old	40～75
VSOP	Very superior old pale	18～25
VO	Very old	10
3～STAR	/	>2

2.其他国家的相关规定

法国的法律明确规定，禁止在干邑白兰地的外包装上标明年份。这是因为，很多干邑酒商在装瓶出厂前都会将不同年份的酒进行相互混合。

英国规定，进入市场的白兰地须采用新鲜葡萄汁，不额外加入糖或酒精，经发酵、蒸馏而成，而且必须陈酿3年以上才能出售。

南非规定，白兰地须采用不加糖酿造的新鲜葡萄酒，经蒸馏调配而成。而且，用壶式蒸馏锅蒸馏出的酒精比例不少于30%，必须在橡木桶中陈酿3年以上才能出售。

澳大利亚规定，白兰地须采用新鲜葡萄酿制，禁止使用加有酒精的葡萄酒蒸馏而成，也不允许在酒中加入粮食酿造成的酒精。出口澳大利亚的白兰地，必须附有产地国出具的采用纯葡萄酒蒸馏而成的相关证明。

三、白兰地的酿造工艺

白兰地的酿造过程主要包括三个步骤：发酵、蒸馏、陈酿（见图6-2）。

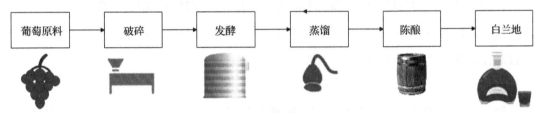

图6-2 白兰地酿造工艺示意图

1.葡萄汁的获取

酿造白兰地多用白葡萄品种，要求果实的含糖量较低（120～180 g/L）、酸度较高（≥6 g/L），具有弱香和中性香。酿造白兰地的葡萄最好种在气候温和、光照充足、石灰质含量高的土壤。我国现有的葡萄品种中，白羽（Rkatsiteli）、白雅、龙眼（Longyan）、佳丽酿（Carignan）、米斯凯特等，都比较适合做白兰地。白兰地通常采用自流汁发酵，果汁应含有较高的酸度，才能保证发酵的顺利进行。

2. 原酒发酵

白兰地的原酒发酵温度为30～32 ℃，时间为4～5天，发酵结束时的残糖含量低于3 g/L，挥发酸度≤0.05%。之后，在罐内静置澄清，清酒和脚酒分开蒸馏。

3.蒸馏

根据类型、产区的不同，白兰地的蒸馏用设备会稍有不同：干邑白兰地需采用壶式蒸馏（见图6-3），雅文邑白兰地则大部分采用塔式蒸馏。蒸馏出的原白兰地中含有60%～70%的酒精，以及适量的挥发性物质。这些物质是白兰地香味的基础。

图6-3 壶式蒸馏示意图

4.勾兑调配

蒸馏得到的原白兰地品质粗糙，不能直接饮用，需要经过调配、贮藏、勾兑调味后方可出厂。调酒师会根据每桶白兰地的香气、风味和口感特色，将它们按照一定的比例进行混合，这一过程是酒厂的商业机密。

5.陈酿

调配好的白兰地都需要在橡木桶中贮藏多年后，方能出售。这种贮藏过程称为陈酿。在这一过程中，橡木桶中的单宁、色素等物质会慢慢溶入酒中，使酒液逐渐变成金黄色，酒体慢慢柔和、醇厚，使酒液的色、香、味达到成熟完善的程度。

四、白兰地的饮用与品鉴

1.白兰地的饮用方法

白兰地可以直接饮用，也可以与矿泉水、冰块、茶水、果汁等掺兑后饮用。例如，XO级白兰地最好是原浆原味饮用，VO级或VS级白兰地可与矿泉水或冰块掺兑饮用。冬天饮用中档白兰地时，可与热的浓茶掺兑饮用，在酒液颜色、香味、酒体和口感上不会产生明显的冲突，还能减少酒精的刺激感。

2. 白兰地的品鉴要点

（1）酒杯。使用郁金香形高脚杯，可以使白兰地的芳香成分缓缓上升。斟酒量为杯体的1/4～1/3，可使酒液的芳香在杯中萦绕，利于对香气长短、强弱、质感等进行细致品鉴。

（2）品鉴步骤。第一步：观色。优质白兰地应该澄清晶亮、有光泽，优质的白兰地可能为金黄色或琥珀色，但不是红色。

第二步：观察稠度。将杯身倾斜约45°，慢慢转动一周，再将杯身直立，观察酒液的滑动速度和杯壁上的酒液纹路——酒脚。质量越好的白兰地，酒液的滑动速度越慢，酒脚越圆润。

第三步：闻香。从两个方面评价香气。一是香气的强度与基本香气：将酒杯由远处慢慢移近鼻子，以恰巧能嗅到酒香的距离来进行评价，距离越远，香气越强。二是香气特征和持久力：轻轻摇动酒杯，逐渐靠近鼻子，最后将鼻子靠近杯口深闻酒气。鼻子接近酒杯时闻到的是优雅芳香；摇动酒杯时闻到的是醇香和多种复杂的香气；深闻时，用鼻根接近双眉交叉处的嗅觉来感觉这些香气。

第四步：口尝。含一小口酒液，让它布满整个舌面，再流到舌根，然后使舌头和口腔广泛接触，酒液入喉后趁势吸气咽下，体会酒液在整个过程中留下的感觉。在这个过程中可能会尝到酒精的辛辣感，糖类的微甜，单宁多酚的苦涩，以及有机酸的酸味。优质白兰地应该是各种味道相互协调。

以上有关白兰地的相关内容可总结如图6-4所示。

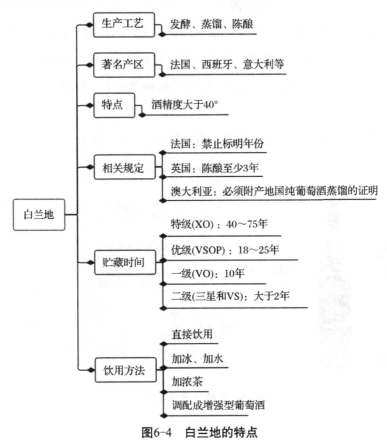

图6-4 白兰地的特点

第二节　加强型葡萄酒

酒精加强型葡萄酒是在原始葡萄汁或者发酵过程中加入白兰地，提高酒液的酒精度。世界上代表性酒精加强型葡萄酒主要有葡萄牙的波特酒和马德拉酒，西班牙的雪莉酒，以及意大利西西里岛的马沙拉酒。

香味加强型葡萄酒是以葡萄酒为酒基，经浸泡芳香植物或加入芳香植物的浸出液（或馏出液）而制成的葡萄酒。世界上代表性香味加强型葡萄酒主要是味美思。

一、波特酒（Porto）

波特酒是在葡萄酒发酵没有完全结束时加入白兰地。这时，由于酿酒酵母在酒精度高于15%时就会被杀死（波特酒的酒精度为17%~22%），从而导致葡萄酒发酵被提前终止，最终形成甜度高、酒度高的酒液。

真正的波特酒主要产于葡萄牙北部的杜罗河流域（Alto Douro）和上杜罗河区域（Upper Douro）。葡萄牙的波特酒一般为甜型，根据酒液颜色可以分为白波特（White Port）、红宝石波特（Ruby Port）、茶色波特（Tawny Port）、年份波特（Vintage Port）等多种类型。

波特酒的特点如图6-5所示，不同种类的波特酒特点如图6-6所示。

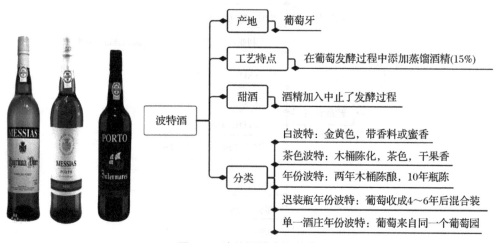

图6-5　波特酒的主要特点

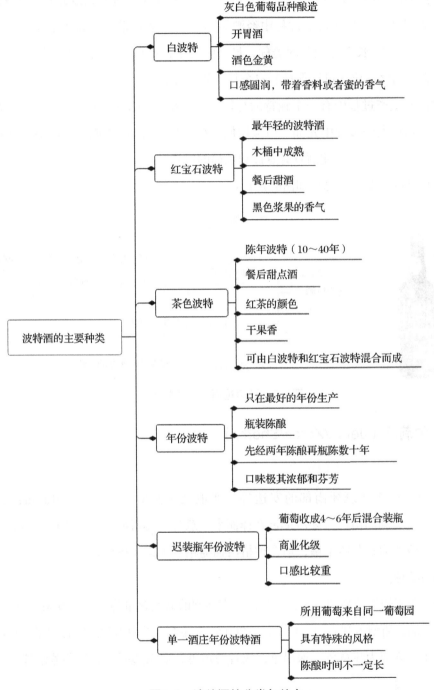

图6-6　波特酒的分类与特点

二、马德拉酒（Madeira）

与波特酒相同，马德拉酒也来自葡萄牙。但是，马德拉酒的产量和市场较小。马德拉酒是用白葡萄品种酿造而成，种类从干型到甜型都有。

马德拉酒的独特之处有：一是在酿造过程中加入麝香葡萄（Muscat），使酒体带有独特的麝香风味；二是在发酵过程中经酒精加强后，又暴露于高温或阳光下。马德拉酒有"不死之酒""长寿之酒"的美称，最好的马德拉酒可陈年上百年，甚至300年以上，甚至在开瓶之后仍然可以保持2～3个月，甚至好多年。

马德拉酒生产过程中有一个独特的马德拉化（Maderization）加工过程。马德拉化是指，在葡萄酒发酵过程中先加入白兰地使酒精度达到18%～19%，再将酒放在罐中加热到30～50 ℃进行催熟，使酒具有煮过和焦糖的风味。

马德拉酒的主要特点总结如图6-7所示。

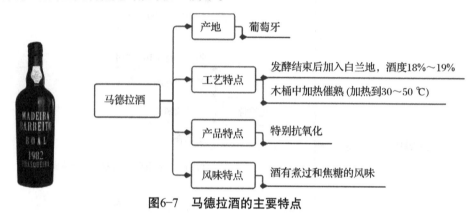

图6-7　马德拉酒的主要特点

三、雪莉酒（Jerez/Xerez/Sherry）

1.概述

雪莉酒原产于西班牙南部的安达鲁西亚地区（西班牙语：Andalucía；英语：Andalucia）。雪莉酒由西班牙语Jerez音译而来，意为"赫雷斯"——西班牙南部海岸的一个小镇。该地为石灰质土壤，适合种植白葡萄帕罗米诺（Palomino）——西班牙特有的酿酒葡萄品种。

酿制雪莉酒的葡萄品种就是帕罗米诺。雪利酒的酒精含量为15%～20%；酒中的糖分可以人为添加，甜型雪利酒的含糖量可达200～250 g/L，干型雪利酒的含糖量为1.5 g/L；总酸4.4 g/L；酒液为浅黄色、深褐色，或者琥珀色，清澈透明；香气芬芳浓郁，风味香甜，口味复杂柔和。

2. 雪莉酒的分类

根据酿酒过程中是否"开花"，可将雪莉酒分为"开花"和"不开花"两种。"开花"是指有些酒在酿酒过程中，会在表面浮上一层白膜（实质为酵母菌），称为菲诺（Fino）型雪莉酒，味道不是很甜，可作为饭前开胃酒。"不开花"是指在酿造过程中没有白膜，称为奥罗索（Oloroso）型雪莉酒，酒液味道浓郁甜美，酒精浓度较高（17%～22%），可作为饭后甜酒。

雪莉酒可以进一步分为干型、甜型和混合型。其中，干型雪莉酒又可分为颜色较浅且有酵母风味的菲诺（Fino）和曼萨尼亚（Manzanilla），以及棕色且有氧化香气的阿蒙提拉多（Amontillado）和奥罗索（Oloroso）；甜型雪莉酒可以分为淡色甜酒（Pale Cream）、中极甜酒（Medium）、甜酒（Cream），以及佩德罗-希梅内斯（Pedro Ximenez）和麝香（Moscat）酒等多种类型。不甜的雪莉酒主要是帕罗·科尔达多（Palo Cortado）。这些酒类的特点可总结如表6-2所示。

表6-2　不同类型的雪莉酒

雪莉酒类型	是否"开花"	酒体特点	酒精度/（%）	酒龄/年	甜度
Fino	是	淡麦黄色、带有清淡的香辣味	15.5	5～9	不甜
Oloroso	否	醇厚浓郁的独特香味	18～20	10～15	甜
Manzanilla	是	酒质紧密、细致	15.5	5～9	不甜
Amontillado	是	由Fino进一步成熟而成，琥珀色，带有类似杏仁香味	17	10～15	略甜
Cream	—	用佩德罗-希梅内斯葡萄或麝香葡萄酿制或不同种类雪莉酒混合而成	15.5～20	5～15	甜

雪莉酒的主要特点可以总结如图6-8所示。

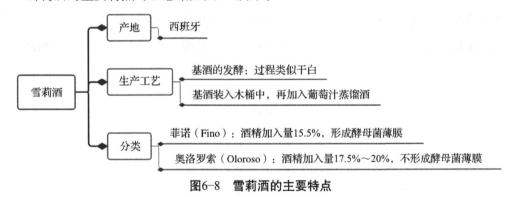

图6-8　雪莉酒的主要特点

3.雪莉酒的酿造方法

雪莉酒的酿造用葡萄品种主要是帕罗米诺，还有常用的麝香葡萄（Moscatel）和酿造甜酒用的佩德罗-希梅内斯（Pedro Ximenez）。这些葡萄的糖分高，酿出的酒色黑、质稠、味甜。

雪莉酒的主要酿造步骤如下：

第一步：葡萄采摘。从9月初至10月中旬，分时选摘成熟的果实。摘来的葡萄单层摆在稻草席上，白天在太阳下曝晒，晚上用帆布盖好，如此持续4～5天。

第二步：破碎与榨汁。采用脚踩加压榨的方法进行，得到的葡萄汁含糖量很高（通常大于260 g/L），将第一次榨出来的葡萄汁与踩出来的汁混在一起，澄清后用于发酵。

第三步：发酵。采用橡木桶发酵，添加二氧化硫和酵母液，30 ℃下主发酵约3周后换桶，进入后发酵（2～3个月）。

第四步：添加白兰地。采用虹吸法分离酒与酒脚，在酒液中添加中上等白兰地。

第五步：换桶除渣。静置沉淀，换桶除渣，再添加一次白兰地，根据颜色清亮程度加入新鲜牛血、鸡蛋蛋白、皂土等方法进行澄清。

第六步：冷、热处理。通过虹吸法吸出清亮的酒液，置于50～60 ℃或58～65 ℃。为了助长"开花"，可以松开木桶盖，并曝晒在艳阳下2～3个月后，移至-10 ℃下进行冷处理。然后进行过滤、去渣、换桶。

第七步：贮藏陈酿。将酒液移入酒窖的木桶中，贮藏2～4年。酒色不断变深，口味变得复杂而柔和。

第八步：调合装瓶。把成熟过程中的酒桶分为数层堆放（少则3层，多则14层），最底层酒桶中放最老的酒，最上层放最年轻的酒。每年一次或数次，从最底层取出一部分的酒（一般是10%～25%）装瓶出售，再从上层的酒桶中取酒，依顺序补足下层所减少的酒。通过这种操作，能够以老酒为基酒，用年轻的酒进行调和，可使雪莉酒的风味保持一致。这种陈酿方法，称为"Solera"系统，俗称"叠桶法"，如图6-9所示。

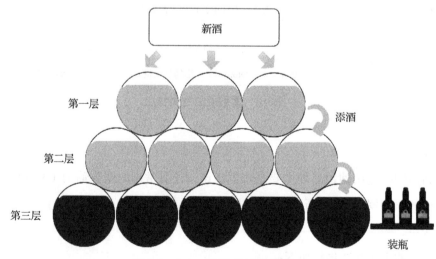

图6-9　Solera陈酿系统示意图

4.雪莉酒的饮用

不同类型雪莉酒的饮用特点可总结如表6-3所示。

表6-3　不同类型雪莉酒的饮用特点

雪莉酒类型	酒体特点	香气	饮用与保存时间	适饮温度	餐食搭配
Fino	颜色灰白，干洌、清新、爽快	精细优雅，给人以清新之感	开瓶后冰箱保存，或3天内喝完	非常低温	贝类食物或清新煮小虾
Oloroso	年份特别久远的酒口味太苦涩	香气浓郁，有明显的核桃仁香气，且越陈越香	开瓶后可保持2～3个星期	冬季开胃菜，接近室温	法式清炖肉汤、坚果
Cream	由不同种类雪莉酒混合而成	味道甜润，香气和口感都很好	开瓶后可保存2～3个月，不要放在冰箱里	10～11 ℃	淋于高档香草冰淇淋上

四、马沙拉酒（Marsala）

1.概述

马沙拉酒主要产自意大利的西西里岛（Sicilia），用与雪莉酒的Solera系统相似的系统熟化，由多个年份的酒混合而成。马沙拉酒的风格多样，酒精度为17%～19%，酒液琥珀色，口感厚实，以香草、红糖、煮熟的杏子、罗望子等风味最为常见。优质马沙拉酒还伴有黑樱桃、苹果、果脯、蜂蜜、烟草、核桃和甘草等风味。

马沙拉酒仅用西西里岛的本土葡萄品种酿造，白葡萄品种有格里洛（Grillo）、尹卓莉亚（Inzolia）和卡塔拉托（Catarratto）；红葡萄品种有黑珍珠（Nero d'Avola）和马斯卡斯奈莱洛（Nerello Mascalese）。

2.马沙拉酒的分类

马沙拉酒和雪莉酒都采用了"Solera"系统（在西西里岛被称为"Perpetuum"），酒体风格相近。马沙拉酒可以根据陈酿工艺、陈酿年份、颜色和糖含量分为以下不同类型。

根据陈酿工艺分：马沙拉康乔托（Marsal Conciato）、马沙拉索莱拉（Marsala Vergine/Solera）。其中，马沙拉康乔托是在发酵结束后，加入酒精、Mosto Cotto（意大利传统甜味剂，用新葡萄酒煮制而成，影响味道和颜色）或Mistelle（葡萄汁和新葡萄酒浓缩汁的混合物，影响糖含量和香味），再采用普通橡木桶陈酿而成。

根据陈酿年份分：优质马沙拉酒（Fine，陈酿约1年）、超级马沙拉酒（Superiore，陈酿≥2年）、超级珍藏马沙拉（Superiore Riserva，陈酿≥4年）、马沙拉索莱拉（Marsala Vergine/Solera，陈酿时间≥5年）、马沙拉索莱拉珍藏（Marsala Vergine/Solera

Stravecchio，陈酿时间≥10年）等。

根据酒体颜色分：金黄色马沙拉（Oro Marsala）、琥珀色马沙拉（Ambra Marsala）、宝石红马沙拉（Rubino Marsala）。

根据酒中糖含量分：干型（Secco，≤40 g/L）、半干或半甜型（semisecco，41 g/L～100 g/L）和甜型（Docle，≥100 g/L）。

3.马沙拉酒的饮用与餐食搭配

在意大利西西里岛，甜型马沙拉是典型的开胃酒，干型马沙拉酒搭配奶酪、水果或者点心。马沙拉酒可以用作调料酒，用于制作酱料、甜点和烩饭等。干型马沙拉酒可用于制作各式主菜，赋予菜品的坚果和焦糖风味；甜型马沙拉酒则用于制作甜酱和甜点。

马沙拉酒的主要特点可总结如图6-10所示。

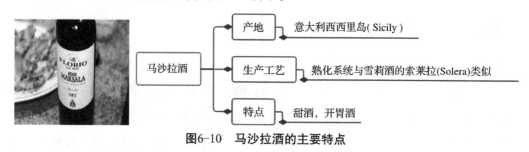

图6-10 马沙拉酒的主要特点

五、味美思酒（Vermouth）

味美思酒是经植物或香料加香的加强型葡萄酒，因特殊的植物芳香而"味美"。味美思起源于18世纪的意大利都灵（Turin），最初用于治疗消化不良和肠道寄生虫，后来才渐渐发展为葡萄酒饮品。除直接饮用外，味美思还可以用于调配鸡尾酒，起到加香增甜的作用。

味美思酒生产中要用到肉豆蔻、龙胆根、当归、甘菊等30～50种草本和香料。味美思酒的生产过程主要分为两步：第一步，酿造出作为基料的干白葡萄酒，酒体醇厚、口味浓郁的陈年干白葡萄酒更佳；第二步，把多种芳香植物放入干白葡萄酒中进行浸泡，或者将其浸泡液调配到干白葡萄酒中，再经多次过滤、热处理、冷处理，再经半年左右贮藏，最终生产出质量优良的味美思酒。

世界上的味美思酒主要有三大类：意大利型、法国型和中国型。其中意大利型是以苦艾调香，香气强，稍带苦味；法国型苦味突出，刺激性更强；中国型是除国际流行的调香原料外，还加入我国特有的名贵中药，产品的色、香、味更佳。

味美思酒的主要特点可总结如图6-11所示。

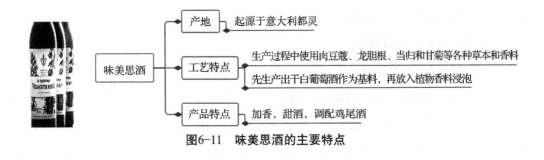

图6-11　味美思酒的主要特点

第三节　高甜度葡萄酒

贵腐酒和冰酒都是含糖量极高的特殊葡萄酒。但是，它们的高含糖量是通过提高葡萄汁中含糖量达到的，而酒精加强型甜酒则是在发酵过程中加入白兰地，提前终止发酵而达到的。

一、贵腐酒（Noble Wine）

1. 概述

贵腐酒的生产起源于匈牙利，是用感染了贵腐霉菌（*Botrytis cinerea*）的白葡萄品种酿造而成，故名"贵腐酒"。世界三大顶级贵腐酒生产区是匈牙利托卡伊（Tokaji）、德国莱茵高（Rheingau）和法国苏玳（Sauternes）。

2. 贵腐霉菌（*Botrytis cinerea*）

贵腐霉菌是一种自然存在的霉菌，当其侵染在未成熟的葡萄皮上时，会导致葡萄腐烂；侵染在已经成熟的葡萄皮上时，则会在其葡萄皮表面形成肉眼看不见的小孔，在高温与低温的交替作用下，使得葡萄中80%～90%的水分得以挥发，从而使葡萄中糖分得到高度浓缩。

根据研究发现，贵腐霉菌在侵染葡萄皮的同时，还会导致葡萄果实中柠檬酸、葡萄糖酸含量升高；酒石酸含量下降，苹果酸含量升高；多元醇含量升高；钾、钙、镁等矿物质含量升高；多糖含量增加。最终形成含糖量高，而风味芳香浓郁的贵腐葡萄。

然而，贵腐霉菌很"娇贵"，只能在早上阴冷且富有水气、中午干燥炎热的特殊气候下才能生长。在这种气候条件下，早上潮湿的气候利于霉菌的滋生和蔓延，中午的干热使果粒中水分蒸发。全世界拥有这种独特微型气候的产区只有法国波尔多、匈牙利的个别产区。而且，如果天气不合适，这几个产区也不能生产贵腐酒。

此外，贵腐葡萄的采摘需要逐粒逐串挑选。因为并不是每颗葡萄都能同时受到感染，而且每粒的萎缩程度也不一样。感染贵腐霉菌的葡萄园往往香气冲天，吸引小鸟采食。这些因素都会导致贵腐酒产量极低。

3.酿制贵腐酒的葡萄品种

（1）赛美蓉（Semillon）

可用于生产贵腐葡萄酒的葡萄品种主要是赛美蓉。该品种的皮薄、气孔多，易于"贵腐霉菌"的生长，并能赋予贵腐酒以迷人的蜂蜜香气和甘甜。法国苏玳产区的伊甘堡所产贵腐葡萄酒，是全世界公认的"贵腐葡萄酒之王"。用赛美蓉酿制的葡萄酒充溢着蜂蜜和蜜饯的甜香，香草、柠檬、橙子、菠萝、甜瓜、梨、木梨、杏桃、山楂花、藏红花、新鲜奶油、烤杏仁和烤榛子等风味也比较典型。

（2）富尔民特（Furmint）

富尔民特原产于匈牙利，现主要种植于匈牙利、奥地利、斯洛伐克、克罗地亚、意大利、美国等地。该品种是托卡伊贵腐葡萄酒（Tokaji Aszu）的主要酿酒葡萄品种，极易感染贵腐霉菌，但香味较淡，经常用来与哈斯莱威路（Harslevelu，匈牙利当地的葡萄品种）或麝香葡萄（Muscat）混酿，增强酒的浓郁香味。用其酿制成的酒具有柠檬、橙子、桃子（水蜜桃）和蜂蜜等典型香气。

（3）长相思（Sauvignon Blanc）

长相思原产于法国波尔多，现广泛种植于法国、美国加利福尼亚州、澳大利亚、新西兰、南非、智利等地。长相思感染贵腐霉菌的条件不如赛美蓉。长相思葡萄酒中最丰富的是黑醋栗，或者黄杨木的香气，其典型香气为柠檬、西柚、麝香葡萄、桃子、椴花等；成熟度不够的长相思葡萄酒有明显的青草气味；法国卢瓦尔河谷（Loire Valley）的长相思葡萄酒则带有燧石的气息；产自温热地带的长相思葡萄酒，则常有菠萝等热带水果香。

4.贵腐酒的酿造工艺

酿制贵腐酒的主要葡萄品种是赛美蓉，其用量可占到原料的100%或70%～80%；其次为长相思葡萄，常按20%比例用于调配，用来增加酒液的酸度和香气。

贵腐酒酿制的关键步骤之一是压榨。压榨过程必须非常缓慢，不能搅碎葡萄。另一个重要步骤是Mutage，即在发酵过程未全部完成时，加入二氧化硫提前终止发酵。随后转入橡木桶中进行熟成。

5.贵腐酒的特点

贵腐酒最明显的特点是：酒液带有霉菌的气味，使酒液具有水泡的朽木般香气。成熟的贵腐酒具有蜂蜜、杏脯和桃子的果香，并包裹着一点贵腐味，酸度平衡，酒浓不腻。

贵腐酒的糖分高，能够陈年很久，有些甚至需要陈年10～20年以上才能达到适饮期。陈年过程中，酒液会变为金黄色、米黄色。

由于深受世人喜爱，生产不易，贵腐酒的价格很高，素有"液体黄金"之称。

6.贵腐酒的餐食搭配

贵腐酒的传统饮用方法是搭配鹅肝酱、蓝莓奶酪、餐后甜点等，但是要避免带有巧克力、咖啡口味的甜点。贵腐酒单独饮用也很好。

二、冰酒（Icewine）

1.概述

冰酒也是一种甜型白葡萄酒，是用在葡萄树上自然冰冻的葡萄酿造而成。

加拿大酒商质量联盟（Vintners Quality Alliance，VQA）规定，冰酒是指利用在 -8 ℃以下，在葡萄树上自然冰冻的葡萄酿造的葡萄酒。酿酒用的葡萄汁是在葡萄冻成固体时压榨而得。

GB/T 25504—2010《冰葡萄酒》规定，冰葡萄酒是指，将葡萄推迟采收，当自然条件下气温低于-7 ℃时，使葡萄在树枝上保持一定时间，使其结冰后再采收，并在结冰状态下压榨，用所得汁液发酵而成的葡萄酒（在生产过程中不允许外加糖源）。在这个过程中，葡萄中水分由于冰冻而被剔除，使得酿造用葡萄汁得到充分浓缩，达到很高的水平。因此，冰酒的含糖量高，酸甜适口，口感纯净。

冰酒的主要种类有白冰葡萄酒和红冰葡萄酒。相对而言，以白冰葡萄酒更为有名，其颜色为透明金黄色，蜂蜜和水果味突出，口感甘甜醇厚。

2.冰酒的酿造条件

冰酒的酿造对地理和气候条件的要求苛刻。冰葡萄的采收时间比正常酿酒葡萄晚2～3个月，从而保障其能持续地进行自然风干脱水，而不至于霉烂或过度干硬。当气候条件满足在-8 ℃，并且能保持这种低温达到12 h以上时再采收。这要求葡萄种植地的春、夏、秋三季要足够温暖，保证葡萄果实的生长与成熟，而且在采收时足够寒冷。世界上满足这种条件的地方只有德国的摩泽尔（Mosel）地区（莱茵河支流地区）、法国的C.E.E（勃艮第北部）、加拿大的尼亚加拉（Niagara）、安大略省、不列颠哥伦比亚省，以及中国辽宁的本溪桓仁县北甸子乡。这些地区的共同特点是位于北纬41°。

此外，受气候影响，大多数产区往往要隔3～4年才能收获一次冰葡萄，每10 kg冰葡萄才能酿出一瓶375 mL的冰酒。因此，冰酒被称为"大自然赐予的礼物"，非常珍稀。

3.冰酒酿造用葡萄品种

只有那些长势强健，不惧严寒，到了寒冷季节即使枝蔓干枯萎缩，葡萄颗粒也不会脱落的葡萄品种才能用于冰酒酿制。世界上用来酿造冰酒的葡萄品种主要有威代尔（Vidal）、雷司令（Riesling）、琼瑶浆（Gewurztraminer）、霞多丽（Chardonnay）、梅洛（Merlot）、施埃博（Scheurebe）、穆思卡得（Muskateller）、米勒（Muller-Thurgau）、奥特加（Ortega）、白皮诺（Pinot Blanc）、灰皮诺（Pinot Gris）。其中，以雷司令（Riesling）和威代尔（Vidal）的使用最为广泛。

（1）雷司令（Riesling）。德国摩泽尔（Mosel）和莱茵河（Rhine）地区的寒冷气候能让雷司令的生长期十分长，成熟缓慢，含酸量高，能够很好地平衡冰酒的甜度。用其酿成的冰酒具有青柠檬、百花果、矿石、汽油等香味。

（2）威代尔（Vidal）。威代尔是法国酿造冰酒用主要白葡萄品种，在法国称为Vidal Blanc或Vidal 256。该品种成熟缓慢、质量稳定、皮厚、较易栽培、果汁丰富，但是酸度较低，酿成的冰酒甜腻，香气丰富，有复合果香，留香持久。

威代尔也是加拿大酿造冰酒的主要葡萄品种。但是，与法国的威代尔不同，加拿大的威代尔冰酒常有菠萝、芒果、杏、桃、蜂蜜的香气。

4. 冰酒的酿造工艺

冰酒的酿造工艺如图6-12所示。

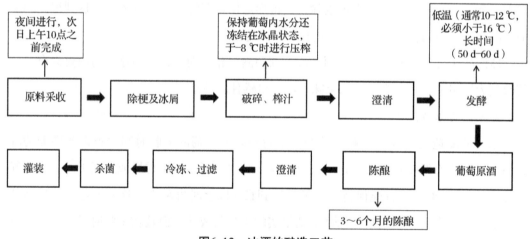

图6-12 冰酒的酿造工艺

5. 冰酒的饮用方法

冰酒适合佐配甜点，但是甜品的甜度不宜高于冰酒，否则会使冰酒喝起来又酸又涩。香浓的冰酒可以直接饮用，理想的饮用温度为7～14 ℃。低温可以降低冰酒的甜腻感。贵腐酒和冰酒的特点可总结如图6-13所示。

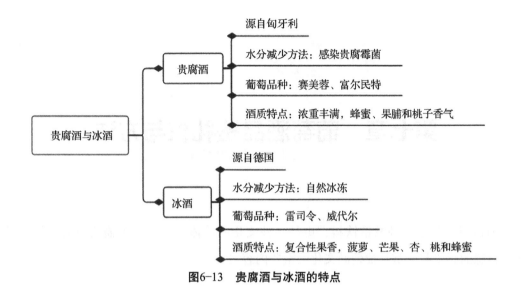

图6-13　贵腐酒与冰酒的特点

第七章 葡萄酒品鉴礼仪与方法

葡萄酒不仅是一种酒精饮料，更是一种文化的载体。人们对于葡萄酒的香气、风味、口感的感受与欣赏是葡萄酒文化的重要内容之一。

第一节 葡萄酒相关职业

从专业角度来讲，葡萄酒的酿造用原料、生产工艺、产品销售等主要环节都需要专业人员来执行，由此衍生出一些专门的职业，如葡萄苗培养员、葡萄种植者、酿酒师、箍桶匠、侍酒师、葡萄酒作家、酒窖管理员、葡萄酒教育家、葡萄酒酒商、品酒师等。

1.葡萄苗培养员（Vine Grower）

这一职业的主要任务是为葡萄种植和葡萄酒酿造行业的专业人士提供优质、健康的葡萄植株。从业人员多是葡萄苗木嫁接和葡萄苗木繁殖方面的专家。

2. 葡萄种植者（Winegrower）

这一职业的责任是为了保证葡萄苗木的健康生长。从业人员主要是农民和专家。其中的一些人员可能还会参与葡萄酒酿造的每道工序，共同参与葡萄酒生产工艺的把控。

3. 酿酒师（Oenologist）

这一职业的主要工作是负责从葡萄采摘到装瓶的整个酿制过程，对葡萄酒质量负有主要责任。除此之外，他们还可以根据酿酒需要对葡萄园管理、葡萄品种或产地葡萄酒的选择提出建议。

4. 箍桶匠（Cooper）

这一职业的主要任务是使用手工方式制作箍着铁圈的木质酒桶。箍桶匠的技能水平直接决定酒桶质量，进而影响葡萄酒质量。

5. 侍酒师（Sommelier）

这一职业的主要任务是负责酒店或者餐厅里葡萄酒的采购和管理，并根据消费者需求为他们提供餐酒搭配。从业人员需要掌握专业的葡萄酒知识，精通侍酒礼仪和餐酒搭配。

6.葡萄酒作家（Wine Writer）

这一职业是撰写葡萄酒相关的文章，并在葡萄酒杂志或葡萄酒网站进行发布，从而达到普及葡萄酒知识和文化的目的。

7. 酒窖管理员（Cellarman）

这类人员的工作涉及从葡萄酒进入酒窖到装瓶结束的整个过程。他们的主要职责是密切关注葡萄酒在酿造过程中的变化，及时根据需要调整酒窖条件和酿酒工艺。

8.葡萄酒教育家（Wine Educator）

这类人员专业从事葡萄酒专业知识的传播与讲解，需要具有葡萄酒专业的高级文凭和较高的演讲技巧，主要供职于葡萄酒培训机构或学校。

9.葡萄酒酒商（Wine merchant / Winemaker winery）

这一职业是指从事葡萄酒买卖的人员或商行。

10.品酒师（Wine taster）

这一职业的主要任务是通过评价葡萄酒的质量，为葡萄酒的酿酒工艺、贮藏和勾调提供建议，有时会涉及酒体设计和新产品开发。评价对象涉及刚入窖的半成品酒，贮藏期的酒，调味过程中的组合酒，质量监控的成品酒，以及刚开发的新产品等。

第二节　葡萄酒品鉴相关礼仪

1.葡萄酒的存放

装瓶后的葡萄酒应该贮放在低温、避光、温度相对恒定的地方，如地下室，或者专门的酒窖。存放过程中需要注意的相关事项如图7-1所示。取酒时，尽量做到轻拿轻放，不要触碰其他酒瓶。提供服务时，需等客人确认无误后再开启瓶塞。

需要注意的是，葡萄酒并非越陈越好，而是在适饮期内饮用最佳。大部分葡萄酒不适宜长期贮藏，一般质量的葡萄酒适宜在3～5年内饮用；陈年能力较差的葡萄酒甚至需要在当年饮用。有陈年潜力的葡萄酒可以放置较长时间。这类葡萄酒通常具有图7-2中所示特点。如超过适饮期的红葡萄酒颜色发暗、发褐，口感下降，甚至不适合饮用。

2.酒会的常识与礼仪

作为侍酒师、酒会承办者，或者请客的人，有必要了解一些酒会相关的常识与礼仪。这些礼仪主要涉及选酒、上酒、选杯、配餐、倒酒等环节，如图7-3所示。

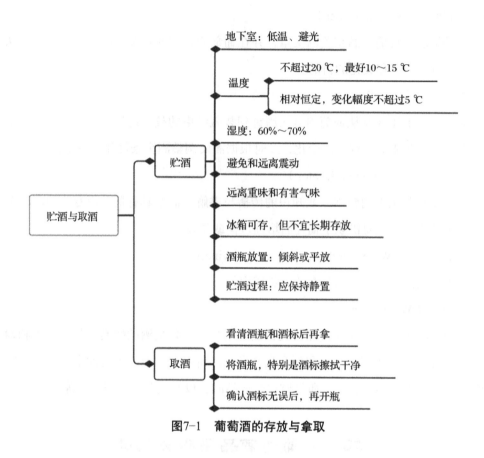

图7-1　葡萄酒的存放与拿取

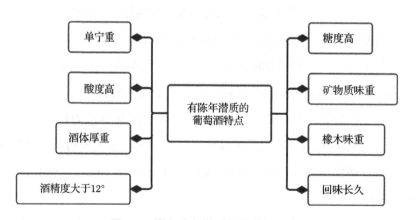

图7-2　具有陈年潜质的葡萄酒特点

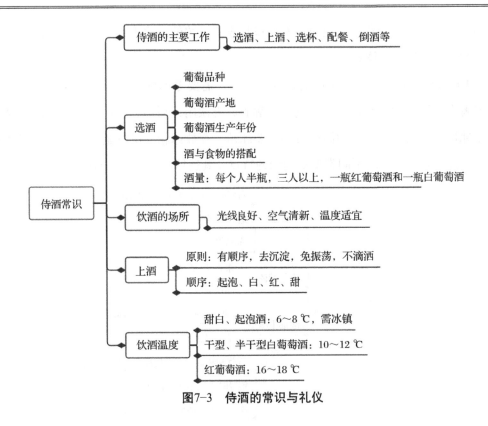

图7-3　侍酒的常识与礼仪

（1）选酒。选酒时需要考虑酿酒用葡萄品种、产地、生产年份，以及客人喜好等因素。同时，还应考虑到宴会或酒会的餐食特点，选择与之协调的酒种。此外，如果没有特殊需求，可以按照每人半瓶，三人以上一瓶红葡萄酒和一瓶白葡萄酒的数量和种类来准备。

（2）饮酒场所。葡萄酒饮用需要搭配浪漫、温馨的氛围才能相得益彰。酒会或宴会地点最好选在光线充足、空气清新、环境优雅、温度适宜的场所，避开嘈杂、混乱的环境。图7-4所示为教学用品酒室的布局与桌面。

图7-4　教学用品酒室环境（西北农林科技大学葡萄酒学院品酒室）

（3）上酒顺序。如果酒会或宴会上要提供多种或者多款葡萄酒，应该按照起泡酒、白葡萄酒、红葡萄酒、甜葡萄酒的先后顺序依次上酒，遵循口味由清淡到浓厚的原则。不同风格的同类葡萄酒，也应该按照口味先淡后浓的顺序上酒。上酒顺序错误，会严重影响葡萄酒的饮用体验。

（4）葡萄酒的准备。饮用前的葡萄酒准备，需要考虑到是否醒酒和冰镇。陈年时间长或者有沉淀的葡萄酒，需要先倒瓶或醒酒后再饮用；甜白、起泡酒则需要提前放入冰盒中冰镇后再饮用；红葡萄酒通常不需要冰镇，存放冰箱中的红葡萄酒还需提前拿出来恢复室温后才能饮用。不同类型葡萄酒的特点及其适饮温度如图7-5所示。

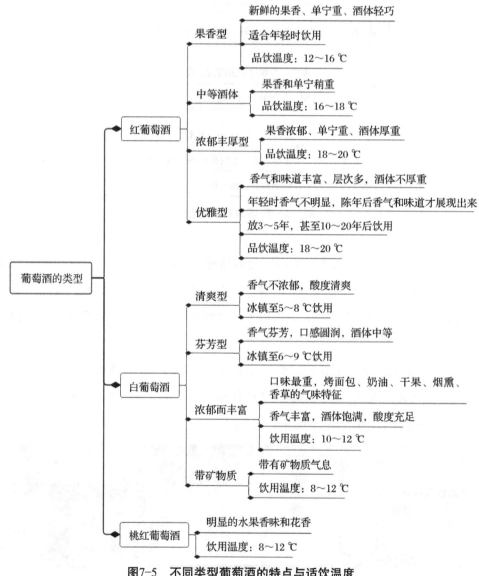

图7-5　不同类型葡萄酒的特点与适饮温度

（5）侍酒的步骤。在侍酒时应遵循图7-6所示步骤。

第一步：向客人呈递酒单，必要时向客人介绍每款酒的特点与价格。

第二步：取出客人选好的酒款，将酒标正面朝向客人，让客人确认酒款是否正确。

第三步：开启葡萄酒。

第四步：醒酒。根据需要，对酒体重、陈年、极少数甜酒、浓郁的白葡萄酒，或者需要换瓶的老酒，进行醒酒处理。

第五步：倒酒。根据葡萄酒的种类与特点，选择合适的酒杯进行倒酒。香气复杂、深厚的酒款可以选用口大的酒杯，使酒中香气充分散发出来；香气淡雅的酒款选用口小的酒杯，使酒香更加聚拢。给客人倒酒的顺序一般为，先给主人倒一杯，待主人确认酒质良好后，再按中国酒文化的礼德顺序，依次给客人倒酒；倒入酒量以到达酒杯的大肚部分为宜。

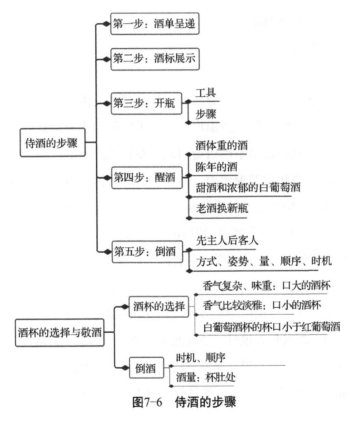

图7-6 侍酒的步骤

（6）饮酒方式。不同于白酒的"豪饮"，葡萄酒的饮用以与餐食同进为佳，饮用时可以充分体会酒液与食物在口腔中混合时相互融合、相互促进的风味与口感。品酒时，需要仔细品味、分辨与体会葡萄酒散发出来的气味、风味与口感的层次感与丰富程度，享受葡萄酒带来的愉悦感。

3.剩酒的存放

一瓶打开的葡萄酒，最好尽快喝完。如果一次喝不完，可以在冰箱中冷藏，抽真空后保藏，在瓶中加入氮气，或者转入小瓶等方法进行短期保存，但是最好不要超过3天。剩下的起泡酒在保存时，还需要给瓶塞加压。

三、葡萄酒品鉴的注意事项

1. 饮酒顺序

同时品鉴多种不同款式的葡萄酒时，品尝顺序尤为重要。错误的品尝顺序会对葡萄酒感官产生极为负面的影响。正确的品尝顺序如下：

（1）先干型，后甜型，遵循干、半干、半甜、甜的顺序。

（2）先白，再桃红，最后为红葡萄酒。

（3）先简单易饮，再浓郁复杂。

（4）先年轻，后陈年。

2. 饮酒温度

在最佳适饮温度下饮用，能够充分展现一款葡萄酒的优秀之处。通常而言，单宁含量高的红葡萄酒，需要较高的饮用温度，这样可以较为充分地展现其香气和柔和的口感；单宁含量低，甚至不含单宁的白葡萄酒，在较低温度下饮用，才能充分体会其清爽的酸度；起泡葡萄酒和甜型葡萄酒，则需要更低的饮用温度，这样能够展现其活跃的气泡和降低甜度。不同葡萄酒的适饮温度一般为：红葡萄酒13～18 ℃，桃红葡萄酒10～13 ℃，白葡萄酒7～13 ℃，甜酒及起泡酒6～10 ℃。

需要注意的是，红葡萄酒一般不需要进行降温后饮用，温度过低反而会使红葡萄酒的香气难以散发，而且增强酸涩感。然而，如果手摸酒瓶，感觉到有些温热，或是酒体较轻的红葡萄酒，也可以进行稍微的降温处理。过高的饮酒温度会使白葡萄酒失去其清新的果味，使甜型葡萄酒喝起来很腻，使起泡葡萄酒失去其原本的清爽度。因此，这些葡萄酒在饮用前需要进行降温处理。降温方法可以是将酒瓶放入冰桶或者冰箱，不建议在葡萄酒中直接加入冰块降温，这样会稀释葡萄酒的原有风味。

四、葡萄酒的开瓶

1. 开瓶器

葡萄酒瓶的开启需要借助专业工具，即酒刀。常见的酒刀有海马刀、蝴蝶开瓶器、兔头开瓶器、AHSO开瓶器、电动开瓶器等（见图7-7）。其中最常用的是海马刀，也被称为"侍酒师之友"。这种开瓶器设计小巧，使用方便，便于携带。蝴蝶开瓶器带有双臂，使用时只需将螺丝锥旋入木塞，扳动两侧把手就可以将瓶塞打开。兔头开瓶器的外形酷似兔头，开瓶时需要将瓶颈夹在适当位置，压下压杆，再抬起就可完成开瓶，相当省力，但体积大，不方便携带。AHSO开瓶器是专门用来开启陈年老酒的，由一长一短两个铁片构成，在开瓶的同时，可以将软木塞完整夹出，避免酒塞落入酒中。电动开瓶器需将开瓶器对准瓶颈套入，按下开关即可完成。每款酒刀都有自己的优缺点，选择适合自己的酒刀才是最重要的。

海马刀　　　　蝴蝶开瓶器　　　　兔头开瓶器　　　AHSO开瓶器　　电动开瓶器

图7-7　不同种类的开瓶器

2.葡萄酒的开瓶方法

（1）静态葡萄酒的开瓶方法

以海马刀为例，详细说明静态葡萄酒的开瓶步骤（见图7-8）：

1）去掉塑封。将海马刀一端的小折刀展开，用其沿着瓶口突出部位的下方，切开并去掉密封瓶口的铝箔，然后把小刀折好。

2）清理瓶口。因为存储，酒瓶的软木塞表面会有少许霉菌，需要用干净的口布将瓶口擦拭干净。

3）钻入螺旋锥。打开海马刀的螺旋锥，对准软木塞的中心部位直上直下插入，然后将其缓慢旋转进软木塞，至外部剩下一环螺旋为宜。

4）拔出软木塞。先用海马刀上的第一个活动关节卡住瓶口，并用左手紧紧按住，再用右手将杆臂向上提，将软木塞缓慢提出。当软木塞至第一关节的最高位置时，换第二个关节卡住瓶口，重复之前的动作。在整个过程中需要注意：用力的方向保持垂直向上，不要有向前的推力，否则软木塞会被折断。当软木塞只剩下一点在瓶口时，用手握住软木塞，轻轻左右晃动，便可取出。如果直接用海马刀拔出软木塞，可能会造成酒液飞溅。关键的几个步骤如图7-8所示。

（2）起泡葡萄酒的开瓶方法

起泡葡萄酒的开瓶不需要借助酒刀。开瓶前最好先将酒瓶冰镇一下，稳定瓶内气压，并使其达到最佳饮用温度。然后按照以下步骤开瓶（见图7-9）：

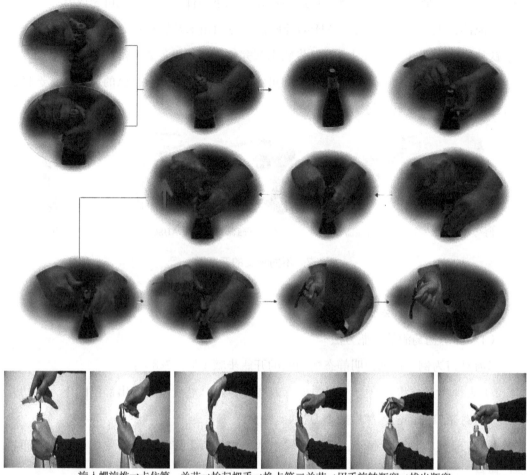

旋入螺旋椎→卡住第一关节→抬起把手→换卡第二关节→用手旋转瓶塞→拔出瓶塞

图7-8　静态葡萄酒的开瓶方法与步骤

1）撕去起泡葡萄酒的锡箔酒帽。找到酒帽上伸出的小封条，撕开便可直接卸掉酒帽，露出里面的铁丝网和蘑菇塞。

2）拧开铁丝网。用一只手的大拇指按住蘑菇塞，以防松开铁丝网时蘑菇塞喷出，另一只手缓慢拧开铁丝网。铁丝网可卸下也可保留。下一步操作时用口布围住铁丝网以防硌手。

3）旋转酒瓶，转出蘑菇塞。一只手握住蘑菇塞，另一只手托住瓶底并旋转酒瓶。这时，蘑菇塞会被瓶内的气压缓慢顶出，需稳住蘑菇塞，直到蘑菇塞将要被完全顶出瓶口时，稍微倾斜蘑菇塞便可完全取出。需要注意的是，在整个开瓶过程中不要将瓶口对着自己或者他人，以防蘑菇塞突然喷出伤人。

撕开酒封 ————— 拧开铁丝 ————— 旋出瓶塞

图7-9　起泡葡萄酒的开瓶方法

五、醒酒

醒酒的方法有两种：一是倒入醒酒器（见图7-10），快速醒酒，一般为20～60 min；二是打开酒瓶，倒出一杯后，让酒在瓶子中进行瓶醒，适用于无法准确判断醒酒时间的酒种。

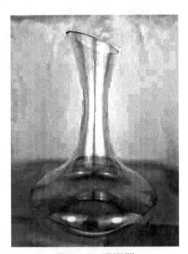

醒酒的作用有四个：一是去除陈年葡萄酒中沉淀物；二是快速散发掉不愉悦的气味；三是使葡萄酒与氧气大面积接触，使酒香更加开放；四是使红葡萄酒中单宁变得柔和。

值得注意的是，不是所有的葡萄酒都需要醒酒。大部分白葡萄酒不需要醒酒，只有少数顶级优质的白葡萄酒可

图7-10　醒酒器

能需要醒酒，以便充分释放出其中香气。红葡萄酒相对复杂，大多数平价红葡萄酒以简单果香为主，醒酒反而会使其迅速消失，因此不宜醒酒；其他红葡萄酒如果在开瓶后，感觉香气没有散发出来，而且单宁强劲，则可以进行醒酒。

六、酒杯的选择

酒杯的形状会影响品酒时的香气体验感。红葡萄酒杯的口径和杯肚一般较大，杯口宽而内缩，利于留住酒香；白葡萄酒需要低温饮用，所用酒杯的杯身和直径较小，可以减缓回温。不同葡萄酒类型选择合适的酒杯十分重要，匹配的酒杯可以使品鉴效果更佳。不同葡萄酒杯的种类如图7-11所示。同时饮用红、白葡萄酒最好使用两种酒杯，避免彼此的风味干扰。

波尔多杯　　勃艮第杯　　白葡萄酒杯　　起泡酒杯　　甜酒杯

图7-11　不同类型的葡萄酒杯

　　波尔多杯，适合品饮波尔多葡萄酒，或者与其风格类似、风味浓郁，而且口感强劲的红葡萄酒。勃艮第杯，适合品饮产自勃艮第，或者与其风格类似、口感柔和的红葡萄酒。

　　除了以上杯型外，还有ISO标准酒杯（见图7-12）。这是一种适合用于比赛和上课的酒杯，它排除了杯型对酒品质量的影响，所有的葡萄酒都会在ISO标准酒杯中得到公平展现。

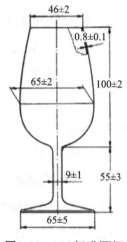

图7-12　ISO标准酒杯

注：图中数字的单位为mm，杯体的整体高度为（155±5）mm，杯子的体积容量为（215±10）mL。

七、酒杯的拿法

　　保持酒液处于其适饮温度，才能展现出每款葡萄酒的完美一面。为了避免手心温度影响到葡萄酒风味，应该捏着杯脚或拿住杯座，使手心远离酒液，特别是不能握着杯身或托住杯肚。碰杯时，应让酒杯大肚的地方进行接触。正确的葡萄酒碰杯和握杯姿势如图7-13所示。

图7-13　正确的碰杯和握杯姿势（上二，拿住杯座；上三，捏着杯脚）

第三节　葡萄酒品鉴步骤与要点

葡萄酒品鉴是一件非常主观的事情，每个人的感官和喜好都会有所差异。学习正确的品鉴方法，再加上增加品鉴次数，可以对一款酒的风格、品质、是否需要陈年等信息做出正确的判断。

一、葡萄酒品鉴步骤

葡萄酒品鉴步骤主要分为三步：看、闻、尝。

1.第一步，看

（1）观察酒液的清澈度。先观察杯中酒液的清澈度。一杯健康的葡萄酒应该是清澈、无杂质、不浑浊。但是，一些陈年的红葡萄酒有沉淀是正常的，有时还会看到透明或者红色的结晶体，这是酒液中的酒石酸形成的结晶体。

（2）观察酒泪。摇晃酒杯，观察其缓缓流下后形成的痕迹（也称为酒脚或酒泪，如图7-14所示）。酒精度高、含糖量高、高级醇含量高的葡萄酒形成的酒泪比较多，也较为持久。

（3）观察酒液的颜色。将杯子倾斜45°角，对着白色背景和光线（最理想的状态是，在自然光线下进行观察），观察葡萄酒液表面，判断酒液的色调与色

图7-14　葡萄酒的酒脚

度（见图7-15），红葡萄酒看边缘，白葡萄酒看中心。红葡萄酒的边缘越宽，酒的颜色越浅；边缘越窄，酒的颜色越深。白葡萄酒需要根据酒液中心的颜色来判断其色调与色度深浅。

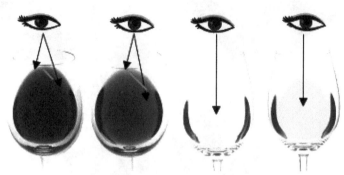

图7-15 葡萄酒颜色的观察角度

左一，年轻的红葡萄酒；左二，陈年后的红葡萄酒；右二，年轻的白葡萄酒；右一，陈年后的白葡萄酒。

通过葡萄酒的颜色，可以判断出酒体轻重：颜色深的葡萄酒，一般酒体也比较重。

葡萄酒的颜色也可以反映出酒的成熟度（见表7-1和图7-16）：白葡萄酒的颜色则会随着酒龄的增加而变深，而红葡萄酒的颜色会随着酒龄的增加而变浅。无论是白葡萄酒，还是红葡萄酒，陈年后的酒液都会趋于棕色。

白葡萄酒在年轻时无色，或者浅黄色并略带绿色，随着陈年时间的延长，会逐渐变成麦杆色、金黄色，最后变成金铜色。变成金铜色时，白葡萄酒已经太老了，不再适合饮用。

表7-1 不同葡萄酒在陈年过程中的颜色变化趋势

葡萄酒种类	颜色（年轻→年老）
白葡萄酒	青柠色→柠檬色→金黄色→琥珀色→棕色
桃红葡萄酒	粉红色→三文鱼色→橙色
红葡萄酒	紫红色→宝石红色→石榴红色→红茶色→棕色

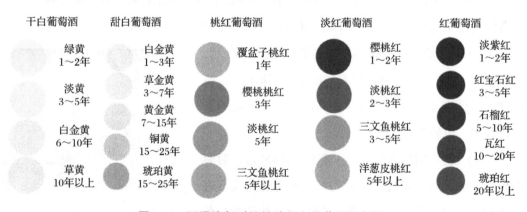

图7-16 不同陈年时间的波尔多葡萄酒的色调

红葡萄酒在年轻时呈现深红带紫色，随着陈年时间的延长，逐渐变成宝石红色或樱桃红色，继而转为红色偏橙红或砖红色，最后呈现红褐色。

2.第二步，闻

将鼻子深深置入杯中深吸至少2 s，重复此动作，可以分辨出酒液散发出的多种气味。尽可能地从以下三个方面分辨酒中香味。

（1）强度：弱、适中、明显、强、特强

（2）质地：简单、复杂、愉悦、反感

（3）特征：果味、植物味、矿物味、香料味、异味

具体操作可分两步。

第一步：在杯中酒面静止的状态下，把鼻子探到杯内，闻到的香气比较幽雅清淡，是葡萄酒中挥发性最强的香气物质。

第二步：不停地顺时针摇晃酒杯，使葡萄酒在杯中做圆周旋转，让酒液挂在玻璃杯壁上。停止摇晃后，第二次闻香，这时闻到的香气会更饱满、更充沛、更浓郁。这部分香气通常是由葡萄酒中的大多数挥发性芳香物质形成的，能够更为真实和准确地反应葡萄酒的内在质量。

闻的过程中，需要将鼻子凑近杯口感受葡萄酒的香气，首先判断酒液是否有湿纸板味、白醋味、煮熟的水果或者洗甲水等不愉悦的气味。如果有，说明酒存在质量问题。如果没有，则可以感受葡萄酒的本身香气了。

葡萄酒可以展现出水果、植物、花香、香料、以及陈年后的复杂香气，并且会因为葡萄品种和产区的不同而表现出不同的风格。常见的葡萄酒香气类型如表7-2所示。

表7-2 常见葡萄酒的香气种类

香气种类	具体的香气
花香	紫罗兰、玫瑰、金银花、小白花
黄绿色水果	柠檬、苹果、柚子、梨、葡萄
核果	桃子、杏
热带水果	香蕉、密瓜、菠萝、番石榴、芒果、荔枝
红色水果	草莓、红樱桃、蔓越莓、覆盆子
黑色水果	黑加仑、黑莓、蓝莓、黑李子
草本植物	青椒、青草、芦笋、薄荷、桉树叶
香料	胡椒、丁香、茴香、肉桂、姜、肉豆蔻
坚果	榛子、杏仁、核桃
橡木香气	香草、椰子、巧克力、咖啡、烟熏、雪松
陈年香气	蜂蜜、蘑菇、泥土、烟草

需要说明的是，气候也会影响葡萄酒的品鉴感觉。同样是白葡萄酒，来自冷凉产区的酒会呈现绿色水果香气，来自温暖产区的酒则有核果香气，来自炎热产区的酒则会有热带水果香气；红葡萄酒通常会有红色或黑色水果的香气，但是葡萄原料的成熟度不够时，会使红葡萄酒带有生青味；经过橡木桶陈酿会使葡萄酒带有类似雪松、香草、烟熏等香气。

3.第三步，尝

小酌一口，以半漱口的方式让酒液在口腔中与空气充分混合，使其充满口腔，接触到口中所有部位（见图7-17）。仔细感受口腔中获得的香气、酸度、甜度、单宁、酒精度、圆润度、成熟度、酒体等特性。好的红葡萄酒会有迷人的香气，酒液在口腔中会如珍珠般圆滑紧密，如丝绸般滑润缠绵。最后将酒吞下，感受酒的总体感觉和余味长短等整体印象。

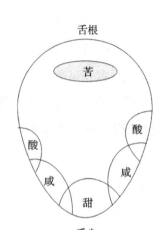

图7-17 舌面上的味觉分布

酒体是尝酒时能够获得的一个重要指标。当酒液在口腔内转动时，会在舌头上产生一定的重量感，由此也可以判断酒体的厚薄，或者轻重。这是除颜色以外，判断酒体轻重的另一种方法。此外，重酒体的酒喝起来口感浓稠，轻酒体的酒喝起来偏象纯净水。这是因为酒体轻重实际上取决于酒液中内容物的多少。

葡萄酒的主要口感及其等级的相关描述可总结如表7-3所示。

表7-3 葡萄酒的主要味觉特点的描述等级

味觉	等级
甜度	干→半干→半甜→甜
酸度	低→中→高
单宁	低→中→高
酒精度	低→中→高
酒体	轻→中等→饱满
余味长度	短→中→长

甜度：舌尖感知甜味最为明显，也最好判断。

酸度：舌头两侧感知酸度最为明显，但对酸度的感知往往会受到甜度的影响。判断酸度的最直接依据是口水分泌的速度与体量。口水分泌速度越快，量越多，酸度越高。酸度对于葡萄酒来说十分重要。一定量的酸度是保证葡萄酒清爽度和陈年能力的重要因素。一款没有酸度的葡萄酒是有缺陷的。

单宁：主要来自葡萄皮。因此，在白葡萄酒里一般不讨论单宁，因为白葡萄酒是去皮去渣发酵的。红葡萄酒的单宁除了需要评判其多少以外，还需要考虑其质感，可以描述为强劲、柔顺、细腻、粗糙、紧实、松散等。

酒精度：高酒精度的酒会使口腔有灼热感，并且增加酒的甜度感觉。

酒体：酒体是指酒的浓郁程度，是一个综合感觉。需要说明的是，酒体的轻重只是葡萄酒的一种风格，并不是酒体越重越好。

余味长度：葡萄酒被咽下后，要感受酒在口腔中的余香和在舌根上的余味。好的葡萄酒余香绵长、丰富、平衡。

"平衡"是优质葡萄酒的基础。如果把葡萄酒比作人，酸和单宁就是骨架，甜味和酒精是肉，香气和颜色是装扮。各项之间平衡是优质葡萄酒的基本要求。

二、葡萄酒品鉴的评分体系

葡萄酒品鉴的评分体系主要有100分制和20分制两大类。

1. 100分制评分体系

100分制又称为R.P评分，是由美国著名品酒师罗伯特·帕克（Robert Parker）在1978年提出的。罗伯特·帕克是全球最具影响力的酒评家之一，主要负责品鉴波尔多、罗讷河谷、普罗旺斯和加利福尼亚州产区的葡萄酒。由于罗伯特·帕克本人的影响巨大，其评分结果会造成葡萄酒价格波动。这种评分标准和等级如表7-4和表7-5所示。

表7-4　罗伯特·帕克的葡萄酒评分体系

打分项	分值
基础分	50
外观、颜色	5
香气（强度5分、深度5分、复杂度5分）	15
味道与收尾（强度5分、深度5分、清晰度5分、余味长度5分）	20
综合评价（5分）与陈年潜质（5分）	10

表7-5　罗伯特·帕克评分体系的葡萄酒等级

等级	得分
劣品（unacceptable）	50～59
次品（below average）	60～69
普通（average）	70～79
优良（above average）	80～89
优秀（outstanding）	90～95
顶级佳酿（extraordinary）	96～100

我国于1965年出版的《葡萄酒工艺学》（朱梅，李文庵，郭其昌，编）中列出的《葡萄酒感官检验评分表》采用的也是100分制。但是，在这套评分表中没有设基础分，评价指标分别为色20分（色泽10分，清浊10分），香30分（果香15分，酒香15分）、味40分、典型性10分。

2. 20分制评分体系

20分制评分体系也称R.J评分制度，其缩写来自于英国葡萄酒作家杰西斯·罗宾逊（Jancis Robinson）。法国和欧洲其他国家的品酒师通常采用这种评分制度，他们认为人类无法分辨过于微小的差异，使用20分制度更接近葡萄酒的实际水平。20分制的评分项目共有10个，如表7-6所示，不同等级的分值如表7-7所示。低于12分的酒被认为是"有缺陷和不平衡（Faulty or Unbalanced）"，20分的酒被认为是"无与伦比（Truly Exceptional）"，16~20分的葡萄酒就可以称为"高分酒款"。

表7-6 葡萄酒的20分评分制度

打分项	分值	打分项	分值
外观	2	甜味	1
颜色	2	浓郁度	1
香气韵味	4	特殊风味	2
挥发性酸	2	涩度	2
整体酸	2	整体评价	2

表7-7 葡萄酒20分制的等级

等级	得分
品质不佳	1~8
质量低于标准	9~12
合乎标准	13~16
质量卓越	17~20

3. 葡萄酒的品尝记录与评分标准

除了以上酒评体系外，常用的还有美国葡萄酒协会（AWS）的评分标准。其中规定的葡萄酒品评记录表如表7-8所示，评分标准如表7-9所示。

表7-8 美国葡萄酒协会（AWS）的葡萄酒品评记录表

序号	外观（3分）	果香/醇香（6分）	口感/结构（6分）	余味（3分）	整体印象（2分）	总分（20分）
1						
2						
...						

表7-9　AWS葡萄酒品评表中各单项的评分标准

项目	分数	级别	特征
外观和颜色	3	优秀	有光泽、明显的典型颜色
	2	好	透明、典型颜色
	1	差	轻微雾状和/或略失光
	0	很差	浑浊和/或失光
香气	6	完美	非常典型的品种香气或果香，醇香浓郁，极其协调
	5	优秀	典型果香，醇香浓郁，协调
	4	好	典型果香，醇香突出
	3	合格	轻微的果香和醇香，令人舒适
	2	差	无果香或酒香，或略有异味
	1	很差	有异味
	0	淘汰	令人生厌的气味
口感和结构	6	完美	极典型品种或酒种味感，极其平衡，圆润，丰满而醇厚
	5	优秀	典型品种或酒种味感，平衡，圆润，丰满，较醇厚
	4	好	典型品种或酒种味感，平衡，圆润，较丰满
	3	合格	无典型性，但舒适，欠平衡，或略瘦弱或粗糙
	2	差	无典型性，不平衡，粗糙
	1	很差	有不愉快味道，不平衡
	0	淘汰	令人生厌的味道，结构不平衡
余味	3	优秀	余味悠长
	2	好	余味愉快
	1	差	无余味或轻微的余味
	0	很差	余味不良
整体印象	2		
	1		
	0		

注：总分在18～20分为完善，15～17分为优秀，12～14分为好，9～11分为合格，6～8分为差，0分为很差。

三、影响葡萄酒品鉴结果误判的主要因素

非专业人士在品鉴葡萄酒时，经常会被一些因素所误导，其中主要有以下几个因素。

1. 酒泪

酒泪的状态只表明酒液中的酒精、糖分和甘油含量比较高，并不是好酒的绝对标准。气候比较炎热会导致葡萄的糖分过高、葡萄酒的酒精含量过高，就会出现密集的"酒泪"。但是炎热的气候往往也会导致葡萄的酸度不足，缺乏坚实的结构，质量并不是很好。

2. 一饮而尽

一饮而尽会错过仔细品味和体会葡萄酒香气与口感的过程，不利于对葡萄酒给出正确评判。

3. 喝酒时抽烟

喝葡萄酒抽烟，除了对身体不利、不尊重他人外，也会严重影响葡萄酒的品鉴结果。烟味会严重干扰品酒过程，影响人们对葡萄酒香气的分辨度，是一种故意破坏的恶

性行为。

4.茶、咖啡与酒同饮

喝葡萄酒时喝茶，或者喝咖啡都会使葡萄酒喝起来感觉粗糙，麻痹味蕾，影响葡萄酒的美味。

第四节　葡萄酒品鉴用语

一、葡萄酒品鉴指标与描述

葡萄酒的品鉴涉及品酒过程的每一步。表7-10以红葡萄酒为例，列举了一些品鉴指标与描述用语，仅供参考。

表7-10　红葡萄酒品鉴用语

步骤	评价指标	描述				
第一步：看	透明度	浑浊	模糊	清澈	晶莹	
	酒色	浅红	深红	绯红	棕红	砖瓦红
	质地	浓稠	稀薄	挂杯	泪状	
	沉淀物	有	无			
第二步：闻	香气	鲜花	水果	蔬菜	辛香味	矿物质
	浓度	芳香	微弱	中等	强烈	
	质地	平庸	粗糙	沉闷	音纯	丰富
	缺陷	软木塞味	木材味	氧化味	变酸	臭鸡蛋味
第三步：品	甜度	干	半干	半甜	很甜	
	单宁味	淡	入口流畅	明显	浓、绵、涩	含蓄
	酸度	低	中	高		
	酒精度	低	普通，温和	高，热辣		
	滋味	鲜花	水果	蔬菜	辛香味	矿物质
	浓度	微弱模糊	清晰可辨			
	酒质	柔顺	精糙			
	余味	短	中等	长		
第四步：总结	成熟度	尚显青涩	适宜饮用	过熟		
	整体评价	完美	出色	满意	一般	差

二、常用葡萄酒品鉴用语的含义

香气：所有可用嗅觉识别的气味；

涩感：单宁带给人的干涩感觉；

辛辣：葡萄酒酒体架构紧实、具有辛香味；

紧实的：单宁丰富，酸度佳；

开放的：香气充分表现出来；

盛开的：随着时间推移，呈现出非常开放的酒香和单宁；

酒香已开：葡萄酒的香味大量溢出；

活泼的：或称活跃的，葡萄酒的酸度略高，充满活力，通常形容年轻的干白葡萄酒；

个性的：酒的风味能够反映当地的风土条件、葡萄品种，甚至葡萄酒酿造方法；

巅峰：一款酒在陈酿期达到它的最佳状态；

清淡的：酒体轻盈，但结构平衡；

刺激的：葡萄酒的酸度太高；

新鲜的：没有刺激性、清爽的酸度；

浓厚的：口感稠厚，酸度低；

强烈的：葡萄酒表达充分，口感辛辣丰富，酒香浓郁；

强壮的：口感强壮有力，单宁丰富；

强劲：既丰满、醇厚、丰富，又具有浓郁酒香的一种葡萄酒特性；

结实：刚劲、稳固、带有单宁；

坚实：酸度良好，单宁丰富；

稠厚的：口感饱满甜润，与口感坚硬的葡萄酒感受相反；

酒体结构结实：口感丰富、单宁强劲，与口感稀薄寡淡相反；

余味悠长：品尝葡萄酒后，还余留在口腔中，给人悠长的印象；

圆润的：口感柔顺，几乎感受不到单宁和酸度，非常平衡；

厚重的：甜度明显超过单宁和酸度的口感；

柔顺的：甜度和柔和度明显超过涩度；

丰满：充分、绵长的口感；

柔美：柔淡、和谐；

顺滑：少酸、以柔软口感为主；

有肉质感：质地有肉感，醇厚；

复合的：有丰富、全面的香气和口味；

细腻：精美优雅，平衡度有利于味道和香气的柔顺与调和；

清新：酸度清爽、无刺激性；

稠腻：浓稠，少酸，在口中留下浓稠感；

甜柔：白葡萄酒中柔和的甜味；

持久性：葡萄酒风味和香气持久时间长短的感受。

三、葡萄酒品鉴评语

葡萄酒的品鉴评语是丰富的、复杂的、优美的。关于葡萄酒的颜色和香气的评语是比较直观和容易理解的，但是关于酒体的描述则比较抽象和不容易理解。此处主要对这些评语进行解释。

1.葡萄酒平衡状态的评语

葡萄酒的平衡状态由乙醇、单宁、酸、柔软指数等组成，如果是甜酒，还应加上糖分。柔软指数能够很好地表示红葡萄酒中各种口味间的协调水平。

柔软指数的计算公式为：柔软指数=酒精度−（总酸+单宁类）

式中，总酸是指1 L酒中的硫酸质量（g），单宁类是指1 L酒中的多酚指数（g）。假设一款葡萄酒的酒精度为11%，酸为4.0 g/L，单宁为3.0 g/L，则其柔软指数为11−（4.0+3.0）=4.0。通常而言，柔软指数小于5的酒体较瘦，大于5的酒体柔软，大于6或7的酒体丰满或者"肥"。

2.葡萄酒的酒体评语

酒体与酒中干物质含量直接相关。如果酒中干物质含量低，可以评价为"酒体淡薄"或"酒体瘦弱"；如果酒中干物质含量高，可评价为"酒体丰满"。一些评语的具体释义如下：

瘦弱：缺乏酸度，干物质含量少，即使陈酿也不能改善品质。

轻弱：颜色浅弱，干物质含量少，酒度不高，感受轻弱，不耐陈酿，应适时饮用。

娇嫩：嫩而轻，可以感到愉快，稍带稠和性，但干浸出物较少。

丰满：酒中各组分协调，无缺陷，入口圆满、充实、充分、完整，具成熟感。

滞重：颜色浓深，酒质厚重，干物质含量很高，不易使人有高度愉快感，但佐以重味食品会受欢迎。

此外，形容酒体好的评语还有充盈、结构丰满、坚实、结实等。

3.葡萄酒的后味评语

葡萄酒的后味，也叫回味，是指葡萄酒在口腔中由于受到了口腔温度和摩擦作用散发出的香气，先传到鼻咽喉和后鼻腔，再上升到上鼻腔中与嗅膜接触，进而产生的感觉。不是每款酒都有回味。回味幽雅的葡萄酒，能使人们有愉快的感觉。

相关评语主要有：回味绵长、回味悠长、回味可口、回味短、回味淡等。

4.葡萄酒的综合评语

"典型性"和"和谐"是评价葡萄酒质量的重要概念。当酒中所有成分，特别是芳香成分完美结合，在口中产生连续的强度和一致水平时，我们就说酒的风味和口感达到了"和谐"。"典型性"则是指一款酒不同于其他酒款的独特之处，其独特性可以体现在工艺、葡萄品种、香气和风味等诸多方面。表7-11列举了一些葡萄酒的综合评语。

表7-11 葡萄酒品鉴的综合评语

项目		描述
颜色	白葡萄酒	浅黄色、淡黄色（带绿色调）、浅绿色、禾秆黄色、金黄色、琥珀色、棕黄色、粟色
	桃红葡萄酒	桃红色（浅或深）、转棕的桃红色（深或浅）、淡紫洋葱皮红色、琥珀色（趋于橘黄色或粟色）
	红葡萄酒	浅红色、宝石红色、深红色（有紫色调）、砖红色、石榴红色、棕红色
透明度		浑浊加沉淀、浑浊、不清晰、失光、微失光、透明、透明发亮、晶莹清澈（有沉淀或无沉淀）、晶亮
流动性		流动的、稠密的、浓厚的、油状的、黏稠的
持泡性		持久的、连续的、迅速或缓慢形成、大气泡或小气泡
香气	强度 果香或酒香	无、很弱、弱、有点弱、中等、足够香（或足够强）、香（或强）、很香（或很强）、极香
	质量	很好、好 高贵的、优雅的、优美的 原生的、普通的、粗俗的、粗劣的 令人愉快的、令人讨厌的、沉闷的 单一的、丰富的、复杂的
	特性	花味的、果味的、植物性（青草味、叶子味） 动物性、香辛佐料和香料、干果或煮果味、蜂蜜、咖啡、烟等 新酒或陈酿过的酒
特殊气味		二氧化硫、硫化氢、硫醇 苯酚味、腐烂味、发霉味 醋味、酒变味（变质）的特征、变酸、乙酸乙酯 变质、氧化、青草味 木头味、瓶塞味、酒桶味、水泥的干燥味、涂料味、滤纸味、胶皮味、异味等
平衡状态的评价		瘦的、贫乏的、严重的、尖刻的：酸+单宁 剧烈的、刺激神经的、生硬的：主要是酸 柔顺的、温柔的、薄的、无东西的、轻微的：含单宁不足 浑厚的、肥硕的：酸多，平衡的单宁 醇厚的、密实的：主要是单宁和酒精 发干的、酸涩的：单宁和酸 雄浑的葡萄酒，温柔、绵软的葡萄酒：以单宁为主 淡的：以酸为主，单宁缺少 浓厚的：以酸为主，单宁缺少
味持值		很长、长、中等、短、很短
品尝后的回味		纯净的、不纯净的、不干净的、苦的
总体判断		和谐：很和谐、和谐、缺少和谐 评判等级：很好、好、可以、中等、勉强及格、坏、很坏

三、葡萄酒品鉴评语案例

1.案例1

色泽：美丽、明亮的深红色。

嗅觉：散发着十足的果香，有红果、樱桃、覆盆子等味道。

味觉：口中充满了烟熏的香草和橡木味，口感匀和、清新，单宁十分均衡，余味悠长。

评语：酒质富裕，十分的波尔多风格，充满了雪松、醋栗、无花果和咖啡的芬芳，并暗含烟草的味道，余味绵长。

2.案例2

色泽：美丽、深沉的色泽。

嗅觉：充满了浓郁的气味，有炙烤、香草、覆盆子、黑莓的味道。

味觉：口感稠密、果味十足。2004年的凯洛混合了清新而馥郁的芬芳，是一款充沛、均衡，单宁如丝般柔顺的葡萄酒。

评语：充满了黑莓、黑醋栗的芬芳，口感殷实，有可可的味道，余味馥郁而有炙烤的滋味。

第五节　葡萄酒与餐食搭配

餐酒搭配是葡萄酒文化的重要内容之一。正确的搭配可以使葡萄酒与餐食都变得更加美味，反之则会相互不利。葡萄酒与餐食之间的搭配并无固定规律，但在西餐中常有"白葡萄酒搭配白肉或海鲜，红葡萄酒搭配红肉"的说法。然而，对于种类繁多、口味各异的中国料理，葡萄酒与餐食之间的搭配则极具挑战性。但是，其中可以遵循的原则是，酒与餐食之间相互融合、相互促进，不能相互抵消、相互不利。

不同味觉之间会有相关影响，如表7-12所示，这一点需要在餐酒搭配时进行充分考虑。例如，甜的食物会使葡萄酒的口感变得更酸。因此，太甜的食物不宜搭配红酒，例如吃甜品、糖水、冰糖元蹄、糖醋排骨，应该搭配更甜的酒。

表7-12　葡萄酒的餐酒搭配原则

食物的主要风味	葡萄酒的品尝变化
甜、辣、鲜	对果味和甜味的感知下降，酸度和单宁上升
酸、咸	对果味和甜味的感知上升，酸度和单宁下降

总体来讲，如果食物以甜、辣、鲜为主，应最好避开带有单宁的红葡萄酒；甜味食

物最好搭配同等甜度的葡萄酒；较酸的食物搭配同样酸度或酸度偏高的葡萄酒；咸味食物搭配红葡萄酒或者白葡萄酒都可以。

此外，还需要考虑葡萄酒与食物风格间的一致性。例如，浓郁的葡萄酒适合搭配口味浓郁的食物，清淡的葡萄酒适合搭配口味清淡的食物，香料明显的食物可以搭配具有同样香料香气的葡萄酒。几种葡萄酒与中餐的搭配方法如表7-13所示。

表7-13　葡萄酒与中餐搭配方法

葡萄酒类型	葡萄酒种类或酿酒用葡萄品种	中餐食物
清淡型白葡萄酒或起泡葡萄酒	起泡酒	各类沙拉、蔬菜、瓜果、淡味海鲜、刺身、生蚝、寿司、清蒸海鲜、鱼子酱、清蒸扇贝、清蒸豆腐、白灼虾等
	长相思	
	清淡型霞多丽	
	白皮诺	
	灰皮诺	
	雷司令	
中淡型白葡萄酒或非常清淡的红葡萄酒	霞多丽	中味做法的海产、鱼翅、蒸虾球、卤水鸭肝、酿豆腐、白切鸡、炒鱼球、炒蔬菜、龙井虾仁等
	赛美蓉	
	雷司令	
	博若莱葡萄酒	
	博若莱新酒	
	黑皮诺	
浓郁型白葡萄酒或淡至中味型红葡萄酒	陈年霞多丽	鲍鱼、扣辽参、鲍汁菜式、烧鸡、猪扒、乳猪、芝士焗生蚝、香煎海鲜、烩或焖鱼类、卤水鸭、鸭胸肉、意大利粉面、披萨、铁板烧海鲜等
	陈年赛美蓉	
	黑皮诺	
	勃艮第红葡萄酒	
中浓型红葡萄酒	仙粉黛	烧鱼、烤鸭、羊扒、烤乳鸽、烧鸡、乳猪、香煎海鲜、炸虾球、烩或闷鱼类、鸭胸肉、带汁鱼扒、铁板烧海鲜
	勃垦第红葡萄酒	
	波尔多红葡萄酒	
	意大利红葡萄酒	
	西班牙红葡萄酒	
	梅洛	
浓味型红葡萄酒	新世界的赤霞珠	牛扒、烤羊排、北京卤肉、酱爆肉、东北炖肉、三杯鸡、鹿肉、黑椒牛仔腿、野味、红酒炖牛肉、铁板烧或烧烤牛羊类等
	西拉	
	浓郁型波尔多红葡萄酒	
	浓郁型意大利红葡萄酒	
辛辣型红葡萄酒	澳洲西拉	牛肉、咖喱类菜式、回锅肉、沙哆类菜式、麻婆豆腐、辣子鸡丁、四川火锅、泡椒鱼头
	美国仙粉黛	
	赤霞珠	
	梅洛	
甜味型葡萄酒	冰酒	香煎鹅肝、餐后甜品、水果、干果、雪糕、巧克力等；也可搭配干辣或麻辣型的川菜、湖南菜等
	贵腐酒	
	晚秋甜白	

第八章　影响葡萄酒质量与特点的主要因素

葡萄酒的品评结果是人们根据香气、色泽、苦涩味等多种感官特性对酒作出的一个综合判断，也是影响消费者是否购买的主要因素，而其又受制于酿酒用葡萄果实的质量与特点。根据酿酒工艺可知，影响白葡萄酒风味和口感的主要是果肉，而影响红葡萄酒风味和口感的主要是果皮和果肉。同时，葡萄酒中氨基酸、矿物质、维生素、花色苷等物质也会对葡萄酒的品质与特点产生一定影响。此外，即使同为一个葡萄品种，葡萄果实的最终风味和品质还会受种植地的土壤、栽培方式、气候等诸多因素的影响。

第一节　概述

从某种意义来讲，葡萄品种（约占70%）与其种植地的土壤和气候特点（约占30%）共同决定了葡萄酒的风味与口感。葡萄品种主要影响葡萄酒的特征性风味，而种植地主要影响葡萄酒中单宁、酸度和酒精含量。只有当这些因素之间相互平衡时，才能形成各具特色的优质葡萄酒。

一、葡萄品种的影响

葡萄酒的水果风味主要来自于葡萄果实。红色葡萄品种赋予葡萄酒以红色和黑色浆果味；白色葡萄品种则赋予葡萄酒以柠檬、桃、甜瓜味。例如，黑皮诺葡萄酒有樱桃味，赤霞珠葡萄酒则有黑加仑和黑莓味。此外，一些葡萄品种还具有一些非水果类的香气。例如：赤霞珠葡萄酒有灯笼椒、雪松的气味；长相思葡萄酒有青草味；西拉葡萄酒有胡椒味；雷司令葡萄酒有蜂蜜、汽油味等。

二、葡萄种植地的影响

葡萄种植地的土壤特点、气候条件、栽培管理措施、酿造工艺等都会影响葡萄果实中物质种类和含量，进而影响葡萄酒的质量与特点。

例如，在土壤方面，只有西班牙雪莉市种植的葡萄才能酿出优质的西班牙雪莉酒，而产自其他产区的相同葡萄品种，也生产不出同样的优质葡萄酒。与此类似，法国的香槟，西班牙的卡瓦（cava）葡萄酒等都对产区有着特殊要求。

在气候方面，产自凉爽产区的霞多丽葡萄酒，具有苹果和梨等绿色水果和柑橘类水果香气，偶尔会有黄瓜气息；而产自气候温和产区（如勃艮第）的霞多丽葡萄酒则会散发出桃子、柑橘类水果和香瓜的香气。大多数新世界葡萄酒产区的气候比较炎热干燥，这些地区生产的霞多丽葡萄酒则带有更加浓郁的热带水果，如桃子和菠萝的香气，甚至会呈现芒果和无花果的芳香。

在栽培管理方面，棚架葡萄果穗的遮荫较重，果面温度较低；篱架葡萄的果穗曝光较多，果面温度较高。一定范围内的高温有利于果实中糖分的增大和酸度的降低。因此，虽然棚架葡萄和篱架葡萄在充分成熟后的含糖量相近，但棚架葡萄的含酸量明显高于篱架葡萄，从而导致由其酿制的葡萄酒风味也有所不同。

这些因素对葡萄果实的影响都会反映在葡萄酒上。因此，通过葡萄酒的色、香、味就能判断出酒的产地区域、土壤类型、气候条件、管理方式等信息。这也是葡萄酒品鉴的重要性和魅力所在。

三、葡萄果皮和果粒大小的影响

良好的葡萄果实是酿造优质葡萄酒的基础。果实发育的不同步性会导致果粒大小有所差异。不同葡萄品种的果皮厚度和果实大小不同，色素含量也不相同。

葡萄果皮中含有花色苷、纤维素、果蜡等成分，是葡萄酒色泽与涩味的主要来源。果皮颜色深、皮厚的葡萄品种酿成的葡萄酒色泽较深，涩味较重；果皮颜色浅、皮薄的葡萄品种酿成的葡萄酒色泽较淡，涩味较轻。例如，赤霞珠葡萄酒的颜色更为深浓；黑皮诺和内比奥罗葡萄酒的色泽较浅，多为宝石红色；西拉葡萄酒的颜色也较为深浓，但会有些许紫色色调。

葡萄果粒小，酿成的葡萄酒气味比较集中。大多数典型的优质酿酒葡萄品种的果粒较小，单果粒重为150～180 g，粒径为1.10～1.90 cm；但是，个别大颗粒葡萄品种，如梅洛（单果粒重约260 g，粒径大于2.10 cm）也能酿制成品质雅致的葡萄酒。

四、葡萄果实中物质种类与含量的影响

1. 单宁

单宁的质感是决定葡萄酒能否使人愉悦的重要因素。葡萄酒中的单宁主要来源于葡萄籽、梗和皮，以及橡木桶或橡木制品。因此，单宁对红葡萄酒的影响比对白葡萄酒的影响要大很多。成熟度低的葡萄果实酿成的葡萄酒中单宁会让口腔变得异常干涩，给人一种粗糙的感觉。

2. 色素与芳香物质

葡萄酒的颜色主要来源于葡萄果实中的色素类化合物。这些物质的种类与含量会对红葡萄酒的特色与风味产生重要影响，甚至是决定性作用。芳香物质主要影响葡萄酒的风味，其含量越多，酒的风味就越浓厚。葡萄酒中的芳香物质大部分是结构简单的小分子有机物，含量少、种类多，是造成不同葡萄酒风味各异的主要原因。

此外，酵母菌在发酵过程中释放出的一些物质，如蛋白质，会通过改变芳香物质的挥发性，从而提高葡萄酒的"肥硕感"和香气的馥郁度。另外，葡萄酒中甜味、酸味和鲜味氨基酸含量会在贮藏过程中增加，但苦味和涩味氨基酸减少，从而使酒液变得更加味美、甜绵。

3. 酸度

葡萄酒的酸度来源于葡萄果实。酸度是发酵过程中抵抗杂菌污染、抗氧化，以及提供葡萄酒骨架的重要物质。适宜的酸度可以使葡萄酒喝起来口感清新，同时能够平衡酒液的酒精、甜度、水果风味等，提高葡萄酒的舒适性，使其喝起来甜而不腻。但是过重的酸味则会带来尖锐的口感，使人感到不适。

对于相同的葡萄品种，产自温暖气候的葡萄酒酸度较低，而产自冷凉地区的葡萄酒酸度较高，这与两种气候造成的葡萄果实中物质积累和成熟度有关。此外，葡萄果实成熟度高时，葡萄酒酸度低、pH高、葡萄酒质量较差。但是，葡萄原料成熟度低时，葡萄酒的味道会过于寡淡。

4. 含糖量

葡萄果实的含糖量不仅决定葡萄酒的潜在酒度，还在很大程度上决定葡萄酒的风味。在一定范围内，葡萄果实的含糖量越高，所酿葡萄酒质量越好，使酒液具有较好的平衡感。通常而言，与气候寒冷的产区相比，气候温暖产区的葡萄果实在成熟后的含糖量较高，酿出的葡萄酒中酒精含量较高。但是，需要说明的是，即使在相同的成熟度下，不同葡萄品种的果实中含糖量也会有所不同。例如，成熟的梅洛葡萄的含糖量高于

成熟的赤霞珠。

5.酚类物质

酚类物质主要赋予葡萄和葡萄酒的颜色和苦、涩味。葡萄酒中酚类物质主要来源于葡萄果实，并在压榨、浸渍过程中进入葡萄酒中。酵母自溶物和橡木桶陈酿也会给葡萄酒带来少量的酚类物质。这些酚类物质的含量和比例，对于葡萄酒的颜色、收敛性、澄清度和稳定性等有重要影响。此外，葡萄酒中酚类物质也是赋予葡萄酒抗氧化、抗癌、预防心脑血管疾病等功能的重要因素。

各类物质对葡萄酒风味的影响可总结如图8-1所示。

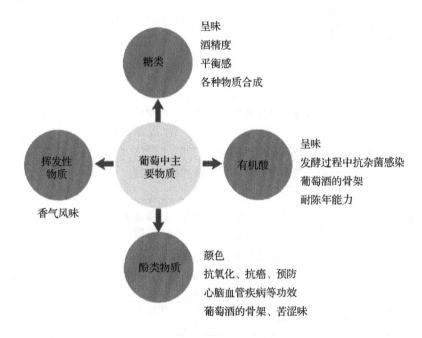

图8-1 葡萄果实中影响葡萄酒风味的主要物质

第二节 酿酒用红葡萄品种与特点

世界上有很多种酿酒葡萄，但是通常用的酿酒葡萄品种只有50多个。根据果皮颜色，可将酿酒葡萄分为三大类：红葡萄、白葡萄和灰葡萄。成熟的红葡萄品种果实表皮呈黑色、墨蓝色、紫红色或深红色。大多数红葡萄品种的果肉为白色，只有极少数红葡萄品种的果肉为红色。因此，红葡萄既能用于酿造红葡萄酒、淡红葡萄酒和桃红葡萄酒，也能在榨汁去皮后，用于酿造白葡萄酒和起泡葡萄酒。

几种常用的酿酒用红葡萄品种的形态特点和典型风味可总结如表8-1所示。

表8-1　主要红葡萄品种形态特点及其典型风味

红葡萄品种	形态特点	典型香气与风味
赤霞珠（Cabernet Sauvignon）	果粒小，皮厚，晚熟，易生长	黑醋栗、黑樱桃 未成熟：青椒、薄荷、草本植物 橡木桶熟化后：咖啡、雪松
梅洛（Merlot）	果粒乌蓝色，体小皮薄	炎热地区：黑李子、黑莓； 凉爽地区：樱桃、草本植物
黑皮诺（Pinot Noir）	果穗小，平均穗重225 g，圆锥或圆柱形，有副穗	樱桃、草莓、覆盆子 品质好：玫瑰花 陈年后：泥土、野味、蘑菇
西拉（Syrah/Shiraz）	果穗中等大，平均穗重242.8 g，圆锥或圆柱形，带歧肩，有副穗	黑莓、巧克力、甘草、胡椒
歌海娜（Garnache/Grenache）	深紫色，含糖量高，果实结实，密度高，香气浓郁	草莓、覆盆子 陈年后：太妃糖、皮革
丹魄（Tempranillo）	果实小、果皮厚，叶片秋季会变红	李子、红樱桃、草莓、胡椒、香草、雪松 陈年后：皮革、蘑菇
桑娇维塞（Sangiovese）	果穗较大，呈圆锥形，有副穗，较为松散，浆果中等大，圆形或椭圆形，紫黑色	酸樱桃、草莓
内比奥罗（Nebbiolo）	皮薄粒小，果实接近成熟的时候，会在上面形成乳白色的薄雾	红樱桃、覆盆子、玫瑰、草药 陈年后：松露、焦油、皮革
品丽珠（Cabernet Franc）	果穗中等大小，圆锥形，平均穗重约200 g，果粒着生紧密，成熟度不大一致	覆盆子、紫罗兰 品质较好：红椒、覆盆子酱、酸樱桃、湿砾石
马尔贝克（Malbec）	果皮颜色深，果颗较小	黑莓、黑樱桃、黑李子、紫罗兰、咖啡、 陈年后：皮革、烟草、可可

第三节　酿酒用白葡萄品种与特点

常见的酿酒用白葡萄品种的形态特点及其典型风味总结如表8-2所示。

表8-2　主要白葡萄品种及其典型风味

葡萄品种	形态特点	典型风味
霞多丽（Chardonnay）	果穗小，圆柱圆锥形，有副穗。果粒着生较紧密，圆形，绿黄色	不同地区具有不同水果风味，经橡木桶处理后会呈现烤面包、香草和椰子香气
雷司令（Riesling）	果实小、圆形、黄绿色，皮上经常有凸的小斑点出现	柠檬、酸橙、蜜瓜和菠萝等水果风味
长相思（Sauvignon Blanc）	果串紧凑、果皮细嫩	浓郁、复杂的绿色草本芳香，如青草、芦笋、青苹果和接骨木花等

葡萄品种	形态特点	典型风味
灰皮诺（Pinot Gris）	颜色常呈粉红或淡红	酒体较饱满，口感及层次丰富，具有成熟的桃子、梨、苹果、金银花和蜂蜜气息，陈年后还会有饼干和黄油风味
维欧尼（Viognier）	抗旱能力强，果皮厚实，不易受霉菌的侵扰	极其的芬芳，带着浓郁的杏子、水蜜桃和果香；年轻时以金银花、山楂花和紫罗兰等花香和桃子等果香为主，陈年后会发展出蜂蜜和杏干等香气
赛美蓉（Semillon）	果穗中等大，圆锥形，有副穗，果粒生长紧密，黄绿色	酸度高，酒体轻盈，随着陈年会逐渐发展出烤面包、蜂蜜和坚果等复杂香气
白诗南（Chenin Blanc）	粒小，果粒着生紧密，近圆形或卵圆形，黄绿色，果皮较厚，果肉多汁	果香奔放，拥有令人口舌生津的酸度；在温暖气候下，以多汁的核果风味为主导
琼瑶浆（Gewurztraminer）	果穗中等大，圆锥形，果粒着生紧，粒小，近圆形，粉红或紫红色	含有荔枝、桃子、百香果、玫瑰和橙花等甜美的花果芳香，有时还带有生姜、甜椒和肉桂等香料的风味
白皮诺（Pinot Blanc）	果穗中等大，圆锥形或圆柱圆锥形，无副穗或有小副穗，果粒着生紧或极紧，近圆形，绿黄色	因产地不同各具风味，具有绿苹果、柑橘类果香和花香等典型香气
小粒白麝香（Muscat Blanc a Petits Grains）	果皮带有粉红色韵，而且颜色每年会有所不同	优质的酒款香气非常浓郁，有着宜人的玫瑰、甜瓜和蜂蜜的气息

第四节　种植区域对葡萄品质与特点的影响

葡萄在世界范围内都有种植。种植区域中影响葡萄品质的主要因素是温度、光照、降水量、湿度、土壤。2018年，国际葡萄与葡萄酒组织（OIV）发布了《世界葡萄品种分布报告》中，总结了2000年—2015年44个国家的地理环境、风土条件、葡萄品种等信息，具有一定的参考信息。

1.温度

温度主要是通过影响葡萄果实中营养成分合成，进而影响葡萄酒品质。其中影响最大的是昼夜温差：昼夜温差大有利于葡萄果实中色素和糖分的合成与积累，所得果实品质较高。对于同一葡萄品种而言，来自温热地区的葡萄酒颜色通常较深，而来自冷凉地区的葡萄酒颜色较淡。

2.光照

光照强度、日照时数对葡萄果实的品质有直接影响：光照强的产区，葡萄果实的着色和糖分积累较好，但酸度较低；可遮光处理降低果实中含糖量和花色苷含量，降低葡萄酒的颜色和甜度。此外，增强紫外辐射可以降低葡萄果实的体积和生物量，增加果实中多酚类物质积累，但会降低还原糖、可溶性固形物、酒石酸含量，从而影响葡萄酒的风味与质量。

3.降水量

当葡萄生长至一定时期时，减少水分供给，可以降低葡萄树的冗余营养生长量，改善果实的色泽、口感、风味等品质。如果在葡萄成熟期，降水量增加则会造成果皮中多酚类物质含量下降、糖分减少、含酸量增加、糖酸比下降、单宁含量降低，甚至会导致葡萄霜霉病、白腐病的发生，从而使葡萄果实的品质恶化，对葡萄酒质量产生严重的不良影响。

4.土壤条件

土壤质地、土层结构、地下水水位、土壤中的营养成分等均会对葡萄生长产生重要影响。用于种植葡萄的土壤可以分为石灰质土壤、砂质土壤、黏土质土壤、岩石土壤等几种类型。葡萄园土壤类型及其特点可总结如表8-3所示，中国主要的葡萄种植区域的特点如表8-4所示。

表8-3　主要的葡萄园土壤类型及其特点

土壤类型	主要形成原因	代表性产区与特色
石灰质土壤	远古海洋生物的化石沉积	法国波尔多圣爱美隆产区的梅洛葡萄酒：鲜明的酸度，黑色李子、黑樱桃的气息，丝滑且细腻的单宁 法国夏布利产区的霞多丽葡萄酒：清爽的酸度，绿色水果和核果的气息，海洋和矿物质气息 香槟区的白垩土产区：高酸度
砾石及卵石，冲积质及砂质土壤	水的冲刷	波尔多左岸的梅多克和格拉夫产区的赤霞珠葡萄酒：风味凝重，酒体厚重，黑醋栗气息，橡木桶陈酿后有香草、雪茄盒、烟叶、咖啡和烘烤等气息，装瓶后陈年潜力强 教皇新堡的西拉葡萄酒：明显的黑莓、胡椒和辛香的气息
黏土（Clay）质土壤	石头风化：黏性大，吸附水分和养分，需要有各种石块和砂	波尔多右岸的波美侯产区：赤霞珠难以成熟，以梅洛为主；酒风味清淡，果味弱，陈年潜力受到影响
花岗岩、板岩等岩石土壤	河谷或山谷边坡	法国隆河产区的北部、薄若莱，葡萄牙的杜罗河谷：有矿物质的印记； 德国的摩泽尔产区的雷司令：清爽酸度，矿石类气息，浓郁的花香和青色果香，陈年潜力； 西班牙的普里奥拉托（Priorat）产区：极低产量，酒有特有的饱满酒体和深厚的浓郁度、极强的陈年潜力和复杂度

表8-4 中国主要葡萄种植区域的特点（杨振锋，等，2007）

种植区域	地形	土壤特征	气候	葡萄品种
吉林、黑龙江为主的东北中北部葡萄栽培区	山地、平原为主	黑土为主，有机质丰富	寒冷半湿润气候区，冬季气候严寒，积温不足；夏短温暖多雨	抗寒性强的早、中熟葡萄；巨玫瑰、藤稔、巨峰等中晚熟葡萄品种
内蒙古、新疆、甘肃、青海、宁夏为主的西北部葡萄栽培区	平原为主	黄土为主，内含沙石，水分、有机质含量低	干旱和半干旱气候，冬季温较低，靠河水、雪水灌溉栽培葡萄	制干葡萄无核白；红提、秋黑、红高等鲜食葡萄；赤霞珠、贵人香等酿酒葡萄
山西、陕西为主的黄土高原葡萄栽培区	高原为主	土质松软，干燥时易结块	大部分地区气候温暖湿润，少数地区属半干旱地区；日照充足，气候温和，年活动积温量高，日温差大、降雨量少	以欧亚种鲜食葡萄品种为主，如：木纳格、红意大利、红地球
辽宁、天津、河北、山东为主的环渤海湾葡萄栽培区	高原、平原为主	土壤养分充足，含水量充足	暖温带、半湿润和半干旱地区；气温适中，年活动积温为3500～4500℃，年降雨量500～800 mm	以欧亚种为主的鲜食葡萄品种和高档的酿酒葡萄品种
河南、江苏、安徽等黄河古道葡萄栽培区	山地、平原为主	含沙量高，有机质含量较低	亚热带湿润区、暖温带半湿润区	鲜食和酿酒葡萄
秦岭、淮河以南亚热带葡萄栽培区	高原为主，地势高	水田为主，酸性较强	大部分为亚热带季风气候，降水丰沛，热量充足，冬季温和湿润	以耐湿热、抗病的巨峰系品种为主，如京亚、京优、申秀、藤稔、夕阳红等
云贵川高原葡萄栽培区	河谷地区地形复杂	红壤为主，土层较薄	小气候多样，其中一些地方日照充足、热量充沛、日温差大，降雨量较少而且多为阵雨，云雾少	以早熟和早中熟品种为主的鲜食和酿酒葡萄品种

　　土壤质地决定了土壤的营养状况。葡萄在石灰质土、砂砾土、轻盐碱土上均可生长，但黏度大、浅薄、排水性能不好的土壤，以及碱性金属盐含量较高的土壤不适合葡萄栽培。

　　此外，土壤的营养成分也会对葡萄和葡萄酒的品质产生重要影响。葡萄一般不缺磷，但氮的大量吸收会减少磷的吸收。氮含量高的葡萄长势旺盛，氮含量适中时有利于葡萄的香气物质形成，较低和过量的氮和钾均会降低葡萄果皮颜色。此外，土壤的pH也会影响葡萄对土壤中营养成分的吸收。

　　研究表明：沙质土产地的酿酒葡萄成熟期最早，葡萄果实中糖分、可溶性固形物、糖酸比和花色苷含量最高；灰钙土产地的酿酒葡萄成熟期中等，总酚和单宁含量均较高；灌淤土产地的酿酒葡萄成熟期较长，酸度偏高，各项品质指标均较低。

第九章 国内外主要葡萄酒产区

世界各地的气温、光照、土壤中养分等因素的差异性造就了不同国家、不同产区的葡萄酒风格各异。世界上大多数葡萄园位于南纬30°～50°和北纬30°～50°。在这两个区间内，越接近赤道的地方，气温越高；越接近两极的地方，气温越低。其共同特点是，葡萄生长期时的昼夜温差大、光照时间长、干旱。

根据葡萄酒的发展历史，可将世界上的葡萄酒生产国分为旧世界葡萄酒生产国和新世界葡萄酒生产国两大类。旧世界葡萄酒生产国是泛指那些葡萄酒酿造技术发展比较早的国家，主要集中在欧洲板块，如法国、德国、意大利、西班牙、捷克等东欧国家；新世界葡萄酒生产国则是指那些随着大航海时代的开始与进行，陆续开拓出来的一些葡萄酒生产国，以及非洲、亚洲东部的一些国家，也可以概括为，除了欧洲以外的其他国家，如美国、智利、阿根廷、澳大利亚、新西兰、南非等。

相对而言，旧世界葡萄酒生产国的葡萄酒酿造历史悠久，相关规范较为细致，涉及种植葡萄的土壤区域规划、葡萄品种、酿造方法等各个方面，限制的内容涉及葡萄的产量控制、栽培方式、酿酒方法等诸多方面。这些法规有效地保证了产区葡萄酒的品质与价格。

新世界葡萄酒生产国没有这么多规定，所酿葡萄酒的风格也各不相同。

第一节　法国葡萄酒产区

一、法国葡萄酒概述

法国葡萄酒不仅产量大，而且酒的风格也是多种多样。法国共有11个酿酒大区（见图9-1）。其中，以梅多克（Medoc）、格拉夫（Graves）、圣爱美隆（St. Emilion）、波美侯（Pomerol）以及苏玳（Sauternes）等5个子产区最为有名。法国五大名庄，即拉菲（Lafite）、木桐（Mouton）、拉图（Latour）、玛歌（Margaux）、侯伯王（Haut-Brion）中，除了侯伯王在格拉夫产区外，其他四个庄园都在上梅多克产区。

法国主栽的红葡萄品种为赤霞珠（Cabernet Sauvignon）、梅洛（Merlot）、品丽珠（Cabernet Franc）、小维多（Petit Verdot）和马尔贝克（Malbec），其中以赤霞珠和梅洛为主；主栽的白葡萄品种是长相思（Sauvignon Blanc）、赛美蓉（Semillon）和密斯卡岱（Muscadet）。

法国产红葡萄品种中，赤霞珠的青椒味明显，单宁重；梅洛柔顺饱满，红色浆果和李子的香气突出，陈年后有烟草雪松味；小维多通常用于混酿，果实成熟时带绿色，单宁味突出；品丽珠赋予葡萄酒以浓烈的青草味；马尔贝克则使葡萄酒具有天鹅绒般醇和感。法国产白葡萄品种中，长相思赋予葡萄酒以青草味、烟熏味、猫尿味；赛美蓉使得葡萄酒的水果和草药味突出，质地油滑；密斯卡岱则有明显麝香味。

二、法国葡萄酒的等级

作为旧世界葡萄酒生产国的代表，法国葡萄酒严格遵守地理标志与葡萄酒原产地保护制度，并对葡萄酒质量进行分级和保护。根据世界贸易组织（WTO）《与贸易有关的知识产权协议》（TRIPS）相关规定：地理标志是指原产于某一成员国领土或该领土上某个地区或某一地点的产品的鉴别标志；标志产品的质量、声誉或其他确定的特性主要决定于其原产地。

法国的地理标志葡萄酒主要分为PDO和PGI两种等级，分别标识为"Protected designation of origin"和"Protected geographical indication"，其标志如图9-1所示。

图9-1　PDO（左）和PGI（右）的徽标

自2009年开始，PDO被改为AOP（Appellation d'origine protégée），通常用AOC（Appellation d'origine contrôlée）表示，意为法定产区酒。例如，Appellation Bordeaux contrôlée即为波尔多AOC法定产区酒。PGI则为IGP（Indication géographique protégée），通常用VDP（Vin de Pays）表示，意为地区餐酒。

非地理标志的葡萄酒，则通称为VDF（Vin de France），即法国葡萄酒。

相对而言，PDO的法规要比PGI更加严格：PDO不仅限制了葡萄酒的生产地区，还规定了该地区酒庄的产量、园艺种植、灌溉、酿酒工艺和葡萄品种等方面的管控要求。PGI只规定了葡萄酒生产地区，对葡萄品种没有要求，甚至可以多品种混酿。因此，PDO葡萄酒品质一般高于PGI，而PGI葡萄酒的品质高于VDF。

这三种级别间的相互关系可总结如图9-2所示。

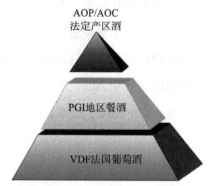

图9-2　法国葡萄酒的三个主要等级

三、波尔多（Bordeaux）产区

波尔多西邻大西洋，受墨西哥湾暖流的影响，有着海洋性气候，遭受春季霜冻的风险较低；但是，海洋性气候带来的降雨量增多也会导致葡萄酒质量出现比较大的年份波动。其中最出名的是1982年，为世纪年份。

受年份间气候不确定性的影响，赤霞珠生长好的年份，梅洛不一定能成熟很好。因此，波尔多葡萄酒均采用多品种混酿，从而保持葡萄酒口味和质量的平衡。用来混酿的红葡萄品种通常有赤霞珠、梅洛、品丽珠、小维多；用于混酿的白葡萄酒品种主要是长相思和赛美蓉。

波尔多是法国最大的葡萄酒法定产区，葡萄种植面积达10万公顷，AOC级葡萄酒约为总产量的95%。这里的法定产区酒大多数是波尔多大区级AOC和波尔多高级AOC，后者通常具有比前者更高的酒精度。

1. 波尔多葡萄酒分级

法国波尔多葡萄酒在法国葡萄酒分级方法的基础上，又在法定产区AOC等级里进行了更为详细的分级（见图9-3），从高到低依次为：法定产区葡萄酒AOC、优良地区餐酒VDQS、地区特色餐酒VIN DE PAYS、日常餐酒VIN DE TABLE。这些等级会在酒标上有所体现（见图9-4）。

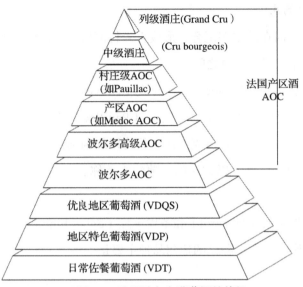

图9-3　法国波尔多葡萄酒的等级

图9-4　法国波尔多葡萄酒的酒标

左上，波尔多AOC法定产区酒；右上，波尔多优良地区餐酒；左下，波尔多左岸上梅多克产区的波亚克村级酒；
右下，波尔多右岸圣爱美隆产区的特级酒庄园酒

2. 波尔多的列级酒庄

多尔多涅河和加龙河在波尔多汇合，形成吉隆特河口，将波尔多产区天然地划分为三大区域：左岸、右岸，以及两海之间。

左岸产区中，以梅多克（Medoc）、格拉夫（Graves）子产区葡萄酒的声誉最高。在1855年评出的波尔多列级酒庄中，波亚克村（Pauillac）的拉菲酒庄、拉图酒庄、木桐酒庄，玛歌村的玛歌酒庄均在梅多克产区，且均以红葡萄酒为主；五个一级酒庄中，只有侯伯王酒庄在格拉夫产区，以优质的白葡萄酒著称。五大一级酒庄的酒标如图9-5所示。

右岸产区中，以波美侯（Pomerol）和圣埃美隆（Saint-Emilion）子产区的葡萄酒最为有名。受土壤特性影响，右岸种植的葡萄品种主要是梅洛。

图9-5　法国波尔多五大一级酒庄的酒标

上：左，侯伯王酒庄；中，拉菲酒庄；右，玛歌酒庄；
下：左，木桐酒庄；右，拉图酒庄

四、苏玳（Sauternes）产区

苏玳产区地处波尔多市南40 km处，为白葡萄酒产区，主要包括苏玳区（Sauternes）、巴萨克区（Barsac）、博美区（Bommes）、珐戈区（Fargues）、佩纳可区（Preignac）等小产区。苏玳产区以全世界顶尖的贵腐酒享誉世界。其中，伊甘酒庄（Chateau d´Yquem of Lvsa-Lvsi），又译为滴金酒庄，是唯一的甜白葡萄酒一级酒庄，甚至位于上述五大名庄之上。

五、勃艮第（Burgundy）产区

勃艮第产区是黑皮诺与霞多丽的发源地，是一个由南向北延伸的狭长产区，北面是凉爽的大陆性气候，南面则是温暖的大陆性气候，经常面临霜冻、冰雹等自然灾害，出产世界上最贵的红葡萄酒。该产区的葡萄酒中有65%为干白葡萄酒，35%为红葡萄酒。

1.产区特点

勃艮第产区的特点可以总结为：一种土质、两个品种、三种单位、四个级别、五大子产区。

一种土质：以石灰质黏土为主。

两个葡萄品种：主栽红葡萄品种为黑皮诺（Pinot Noir），主栽白葡萄品种为霞多丽（Chardonnay）。

三种产酒单位：独立酒庄、酒商、酿酒合作社。

四个级别：从高到低依次为，特级园葡萄酒（Grand Cru Burgundy）、一级葡萄园葡萄酒（Premier Cru Burgundy或1er Cru Burgundy）、村庄级葡萄酒（Village Wines，标有"Pouilly-Fuisse""Santenay""Givry"或"Mercury"）、地区级葡萄酒（Regional Wines，标有"Bourgogne Rouge"或"Bourgogne Blanc"）。

五大子产区：夏布利（Chablis）、夜丘（Cote de Nuits）、伯恩丘（Cote de Beaune）、夏隆内丘（Cote Chalonnaise）和马贡（Maconnais）。

最北端的夏布利产区以盛产酒体轻盈的霞多丽葡萄酒而闻名，为石灰岩土壤，地理和气候接近香槟区，气候方面秋天严寒、春天有霜、夏天炎热。这里的葡萄晚熟1个月左右。这里所产葡萄酒里有很重的矿物味，酒体清瘦，只产白葡萄酒，而且只用霞多丽酿造。

最南端的马贡地区也以生产优质霞多丽葡萄酒而闻名，但该产区的白葡萄酒颜色较深，矿物味道浅，花香、果香较多，香草味突出，口感圆润、丰满，酒体较重。

2.产区不同酒种的特点

勃艮第的黑皮诺占到总葡萄种植面积的三分之一以上。经典的勃艮第黑皮诺葡萄酒在年轻时常有草莓、红色浆果、花香，橡木桶陈酿16～18个月后，会出现野味、泥土、森林的味道。

勃艮第北部地区的霞多丽葡萄酒酸度高，而南部地区的霞多丽葡萄酒则具有饱满的酒体和成熟的果香。这里的多数酒庄采用橡木桶发酵和熟化，并在苹果酸-乳酸发酵和熟化时使酒液接触酒泥，使得风味具有很好的复杂性，部分葡萄酒甚至能陈年数十年。

3.产区葡萄酒的分级体系

勃艮第葡萄酒有着严格的葡萄园等级制度，从低到高依次为：地区级、村庄级、一级园、特级园。其中，地区级AOC级的酿酒用葡萄可以来自整个勃艮第大区；村庄级AOC的酿酒用葡萄必须来自本村的法定范围，并在酒标上注明村庄名称；一级园和特级园的酿酒用葡萄仅来自于相应等级的葡萄园。全世界最贵的葡萄酒——罗曼尼·康帝（Romanee-Conti），就是用罗曼尼·康帝特级葡萄园的葡萄酿制而成。勃艮第主要产区和罗曼尼·康帝的酒标如图9-6所示。

图9-6　勃艮第主要产区（左）和罗曼尼·康帝的酒标（右）

六、博若莱（Beaujolais）产区

博若莱的气候与勃艮第南部地区相似。但是，该产区以生产新酒为主，还将二氧化碳浸渍法用于新酒酿造。这个产区以佳美（Gamay）葡萄为主，所酿葡萄酒风格多样，既有果香浓郁、年轻易饮的酒款，也有高单宁、浓郁果香、陈年能力非常强的酒款。这些酒在年轻时，具有突出的覆盆子和樱桃果香。所产葡萄酒通常在每年11月的第三个星期四开始全球发售，在圣诞节前基本上卖完，第二年8月31日之后不再销售。

七、罗纳河谷（Rhone）产区

这个产区分为北罗纳河谷地区和南罗纳河谷地区。

北罗纳河谷的气温低于南罗纳河谷，为温暖的大陆性气候。这里生产的西拉葡萄酒带有黑色水果和胡椒的香味。一些顶级的酒庄也会在其中加入少量维欧尼（Viognier）葡萄，增加酒液的果香和花香。

南罗纳河谷的地势平坦，为地中海气候，冬季温和，夏季干旱，葡萄园中布满鹅卵石。除西拉外，这里还有歌海娜（Grenache）和慕合怀特（Mourvedre）。这三个葡萄品种经常被用来混酿，用西拉提供颜色和单宁，慕合怀特提供黑色水果味，歌海娜提供红色水果和香辛料的香气，形成多层次的特殊风格。最多时可以使用13个葡萄品种进行混酿，使得葡萄酒经常有着浓郁的香辛料和红色水果香气，酒体饱满、口感丰富，适合陈年后饮用。

罗纳河谷的法定产区酒分为地区级、村庄级和葡萄园级。其中，大区级占总产量的一半左右，多数酒以果味为主；村庄级酒必须是用100%的本村庄种植葡萄酿造，并且严格限制葡萄酒的酒精度和葡萄的最高产量。该地区最著名的是教皇新堡产区（Chateauneuf-du-Pape）。

八、法国南部产区

整个大区由三个区域构成，分别是朗格多克（languedoc）、鲁西荣（Roussillon）和普罗旺斯（Provence）。该产区属于地中海气候，夏季炎热，冬季温和，降水量小。

该产区所产葡萄酒大多数是红葡萄酒，而且多数酒的质量不高。红葡萄品种主要是歌海娜和西拉，白葡萄品种主要是霞多丽和长相思。其中以普罗旺斯的桃红葡萄酒较为有名，占法国桃红葡萄酒市场的一半左右。这种酒的酒体轻盈，以果香为主，通常有西柚和红色水果的香气。

九、阿尔萨斯（Alsace）产区

阿尔萨斯位于法国东北部，位于莱茵河西岸，产区狭长，为从凉爽到温和的大陆性气候，葡萄的成熟度良好，土壤类型有沙质土壤、花岗岩、黏土、泥灰土等多种类型。

该产区的葡萄酒以白葡萄酒为主，并以清爽的干白和甜白葡萄酒最为出名。主栽葡萄品种有雷司令（Riesling）、白皮诺（Pinot Blanc）、琼瑶浆（Gewurztraminer）、托卡伊灰皮诺（Tokay Pinot Gris）、西万尼（Sylvaner）、黑皮诺（Pinot Noir）、麝香（Muscat）葡萄。这里的雷司令葡萄酒与德国雷司令甜白葡萄酒有所不同，具有矿物质、玫瑰、桃核的香气，有时会有甜瓜的气味；琼瑶浆葡萄酒有葡萄柚、玫瑰、荔枝和桃核香气，果香浓郁；白皮诺葡萄酒的桃子、李子和花香突出。

不同于法国其他产区，阿尔萨斯产区的葡萄酒不以地区命名，而是以酿酒用葡萄品种命名。如果酒标上写明了葡萄品种，则说明该款酒是用100%的该品种酿制而成。

阿尔萨斯的产区AOC分级包括阿尔萨斯（Alsace）、阿尔萨斯特级葡萄园（Alsace Grand Cru）和阿尔萨斯起泡酒（Cremant d'Alsace），酒标上会注明葡萄的采摘区域和年份。

十、卢瓦尔河谷（Loire Valley）产区

卢瓦尔河谷产区的葡萄酒的种类繁多，从甜型到干型，从红、玫瑰红到白葡萄酒，

从新酒到耐陈年的酒，从果味突出到矿物味道的酒都能找到。

该产区主要的白葡萄品种是长相思（Sauvignon Blanc）和白诗南（Chenin blanc）。长相思葡萄酒的酸味重、香味浓，常有青草味和烟熏味。白诗南则多用于酿制高级甜白葡萄酒，以安茹（Anjou）和都兰（Touraine）两个子产区最为有名，陈年后的酒有烤面包、蜂蜜、甘草的香气，口感圆润。

该地区的红葡萄品种以品丽珠（Cabernet Franc）为主，所酿葡萄酒的酒体轻盈，以果味为主，适合年轻时饮用。

十一、香槟区（Champagne）

香槟区地处巴黎以东200 km的范围以内，位于兰斯市周围，与波尔多、勃艮第并称为法国最有名的三大葡萄酒产区。凯歌（Veuve Clicquot）、酩悦（Moët & Chandon）、瑞纳特（Ruinart）、库克（Krug）、波美洛（Pommery）和香槟王（Dom Pérignon）等著名的葡萄酒品牌都分布在这里。这里有17个特级葡萄园（Grand Cru）和40个一级葡萄园（Premier Cru）。

根据法国法律规定，该产区所酿香槟酒是按照传统的"香槟制造法"（Methode Champenoise）酿造而成，有不标年香槟（Non-vintage）、标年香槟（Vintage）、白葡萄香槟（Blanc de Blanc）、红葡萄香槟（Blanc de Noir）和粉红香槟（Rose）等种类；以及极干性（Brut）、干性（Extfa-dry）、中度干性（Sec）、中度甜性（Demi-sec）或甜性（Doux）等类型，但以干型或者极干型为主。

香槟区的主栽白葡萄品种为霞多丽（Chardonnay），红葡萄品种为黑皮诺（Pinot Noir）和莫尼耶皮诺（Pinot Meunier）。

该地区的香槟酒口感丰满，具有饼干、发酵饼、烤面包、果仁和覆盆子的味道。

第二节　其他外国葡萄酒产区

世界上的葡萄酒生产国很多，在此主要介绍除法国以外的其他代表性的国家。

一、旧世界葡萄酒生产国

1.意大利

意大利葡萄酒占世界葡萄酒总产量的四分之一，其葡萄酒的出口量和消费量均居世界第一。

（1）意大利的葡萄品种

据米兰大学（Università degli studi di Milano）研究记录，意大利有800余种本土葡萄，但意大利农业局（Ministero per l'Agricoltura）认可的酿制葡萄酒用的法定葡萄只有300多种（法国只有约40种）。然而，著名的意大利葡萄酒所用葡萄品种只有数十种。在红葡萄品种中，北部主要是内比奥罗（Nebbiolo），中部为桑娇维塞（Sangiovese），南部是艾格尼克（Aglianico）；白葡萄品种中，北部有本土的Tocai、Cortese和Garganega，法国和德国的长相思（Sauvignon Blanc）、琼瑶浆（Gewurztraiminer）和霞多丽（Chardonnay），中部和南部主要是本土的Trebbiano、Inzolia和Malvasia。

威尼托的阿曼罗尼（Amarone）葡萄酒、皮埃蒙特（Piemonte）的巴罗洛（Barolo）葡萄酒和托斯卡纳的蒙塔希诺布鲁内罗（Brunello di Montalcino）葡萄酒并称为意大利的三大红葡萄酒。其中，阿曼罗尼葡萄酒被誉为意大利最好、最贵的葡萄酒之一，它是用70%的科维纳（Corvina）酿制而成。酿造时需将葡萄先进行风干，再经压榨酿造成酒。酒液的酒精度高，陈年能力强，红樱桃、红李子风味突出，回味悠长，需要较长时间醒酒。

内比奥罗（Nebbiolo）是意大利品质优良的红葡萄品种，原产于意大利的皮埃蒙特。用其酿制的葡萄酒颜色深黑，有玫瑰、紫罗兰的香气，高单宁、高酸味，酒体紧实、口感浓烈，适合在大木桶中长时间熟成。

桑娇维塞（Sangiovese）是意大利种植最广的葡萄品种，原产于意大利中部的托斯卡纳。用其所酿葡萄酒的颜色深，有梅子和乡土的气息，优质酒的结构紧密、酒体厚实。

巴贝拉（Barbera）在意大利的种植面积仅次于桑娇维塞，原产于意大利皮埃蒙特。用其所酿葡萄酒的酸味重、果味丰富、口感柔顺，年轻时就可饮用。

（2）意大利的起泡葡萄酒

意大利生产世界有名的浓厚型红葡萄酒和起泡酒（spumante）。意大利用白葡萄品种普罗塞克（Prosecco）酿制的起泡酒特点鲜明，具有明显的梨子、苹果和其他白色水果香气，暗含白花气息，余味清爽芳香，适合新鲜饮用，不宜陈年。

（3）意大利的主要葡萄酒产区

意大利的代表性葡萄酒产区有皮埃蒙特、托斯卡纳（英文：Tuscany，意大利文：Toscana）、基安蒂（Chianti）、西西里岛等。其中，皮埃蒙特大区位于意大利西北部，由于夏季经常会有大雾，使得这里的内比奥罗葡萄有"雾葡萄"之名，所酿葡萄酒高酸、高单宁，但颜色非常浅，有酸樱桃、甘草、药草的香气，有时还有干花香味，具有很好的陈年潜力。托斯卡纳产区位于意大利中部，主要生产赤霞珠和梅洛葡萄酒；基安蒂产区生产高品质的桑娇维赛葡萄酒，具有高酸度、单宁细腻，具有药草香气、橡木桶陈化等特点。西西里岛产区位于意大利南部，生产黑达沃拉（Nero d'Avola）葡萄品种，所酿葡萄酒的酒体、酸度、单宁中等，有李子和黑樱桃芳香，适宜年轻时饮用。

2.西班牙和葡萄牙

西班牙的葡萄品种多种多样，但以丹魄（Tempranillo）红葡萄品种最为有名。用其酿造的葡萄酒在年轻时带有草莓等红色水果的香气，陈年后会有蘑菇，森林等香气。

西班牙葡萄酒的法规不仅有PDO和PGI，还对红、白葡萄酒的熟化周期进行了法定分级（如表9-1所示）。

表9-1　西班牙的葡萄酒熟化周期分级

等级	红葡萄酒最短熟化周期/月	白葡萄酒最短熟化周期/月
Joven 新酒	0	0
Crianza 佳酿	24	18
Reserva 珍藏	36	24
Gran Reserva特级珍藏	60	48

里奥哈（Rioja）是西班牙最有名的葡萄酒产区之一，是第一个获得法定品质认证的葡萄酒产地。里奥哈地处西班牙北部，横跨埃布罗河两岸，包括上里奥哈、里奥哈阿拉维萨和东里奥哈三个区域。这里的最大特点就是，每个村镇、每个产区的葡萄酒都有自己的独特风格。西班牙东部产区的卡瓦（cava）起泡酒酸度中等，带有烤面包味和果香。此外，西班牙赫雷斯产区的雪莉酒在世界上享有盛名。

葡萄牙生产世界上最特别的两类酒——波特酒和马德拉酒。

3.德国

德国是世界上雷司令产量和丰富性最多的国家，气候凉爽，白葡萄酒占到葡萄酒总量的65%，剩余35%为红葡萄酒。

德国的法定葡萄酒等级由低到高为：优级葡萄酒（Qualitatswein）和高级优质葡萄酒（Pradikatswein）。其中，高级优质葡萄酒还分为六个更细的等级，分别为珍藏葡萄酒、晚采收葡萄酒、精选葡萄酒、逐串精选葡萄酒、冰酒、逐粒精选葡萄干葡萄酒。之后，在此基础上增加了VDP酒庄联盟，出现GG（Grosses Gewachs）级葡萄园，规定只有来源于同一特级园的酒才能使用GG标志。

德国规定，葡萄酒的酒标上应该包括产地、葡萄品种、葡萄成熟度、生产者的特长等要素（见图9-7）。

万国博览会得奖纪录

Scharzhofberg 葡萄园
因属历史名园，无须
标示村名Wiltingen

由 Scharzhofberg的
Egon-Muller 装瓶

Mosel-Saar-Ruwer
产区（自2007年份
改称Mosel）

葡萄品种

年份

Pradikat
等级：Spitlese

酒庄名

VDP会员酒庄标章

容量

Qualilalswein mit
Pradikat 等级

酒精浓度　装瓶地址

德国高等级葡萄酒的A.P编号由左至右依次
为：3是产区，567为村庄，142为酒庄，10
是这款酒的编号，96为品尝认可的年度

图9-7　德国葡萄酒的酒标

在德国，几乎所有产区的白葡萄品种都是以雷司令为主，少量的有米勒-图高（Muller-Thurgau）、西万尼（Silvaner）、肯纳（Kerner）、巴克斯（Bacchus）、施埃博（Scheurebe）、琼瑶浆和灰皮诺等。德国不同性质的土壤使得这里的雷司令葡萄口味丰富，所酿葡萄酒的风格多样，从干型到甜型，从优质酒、贵腐型酒到顶级冰酒，酒香馥郁、酒体柔和，带有金银花、苹果和桃子的香气。

德国也种植少量的红葡萄品种，主要有黑皮诺（Pinot Noir）、丹菲特（Dornfelder）、蓝葡萄牙人（Portugieser）、特罗灵格或托林格（Trollinger）、莫尼耶皮诺（Pinot Meunier）和莱姆贝格（Lemberger），并以阿尔地区和巴登地区的黑皮诺比较有名，所酿葡萄酒带有果香，香味宜人。

二、新世界葡萄酒生产国

1.智利

智利位于南美洲，主要使用法国波尔多的酿酒技术，生产各种葡萄酒。其中，红葡萄品种主要有赤霞珠、佳美娜、梅洛、西拉，白葡萄品种主要有长相思、霞多丽，并以佳美娜最为突出。

智利产的赤霞珠葡萄酒颜色较深、果味浓郁、单宁结实，有薄荷气息；有些山谷生产的赤霞珠葡萄酒还会有浓郁的红色浆果味、果酱味、胡椒味、香草气息；佳美娜葡萄酒颜色浓、糖分高、酸度较低、单宁柔和、酒体丰满，成熟度高的酒体圆润柔顺，带有红色浆果、黑巧克力和胡椒味；梅洛葡萄酒色泽明亮、果香丰富，李子、樱桃、蓝莓、黑莓等果味突出，并具有黑胡椒的辛辣感和薄荷香；西拉葡萄酒的酒色深、单宁重，酒体丰满浓厚，带有浆果、核果、浅嫩的红色果香、成熟的黑色果香、胡椒般的香料香气；长相思葡萄酒带有柠橙、柚子、荔枝、龙眼果香，北部生产的长相思还有明显的矿物质味；霞多丽葡萄酒的酸度高、酒精淡，以青苹果等绿色果香为主。

2. 阿根廷

阿根廷是南美洲最大的葡萄酒生产国。门多萨（Mendoza）是阿根廷最大、最著名的葡萄酒产地，占全阿根廷葡萄酒总产量的三分之二，位于安第斯山脉的脚下，气候凉爽。

阿根廷的主栽葡萄品种是源于法国的红葡萄品种马尔贝克（Malbec）和阿根廷本地的白葡萄品种特伦特斯（Torrontes）。阿根廷的马尔贝克红葡萄酒酒体饱满，带有香辛料、黑色水果味，香气浓郁，回味长；白葡萄酒带有独特的花香和荔枝香。

阿根廷已核定的四个法定产区是 Lujan de Cuyo、San Rafael、Maipu 和Valle de Famatina。

3.南非

南非的葡萄酒产量占世界总产量的3%，主要产区是开普敦地区，地处南纬34°，气候凉爽。

南非的标志性红葡萄品种是皮诺塔吉（Pinotage）。该品种是黑皮诺和神索（Cinsault）的杂交后代，用其酿成的红葡萄酒具有清淡果味和红色浆果味，经橡木桶陈酿后散发出咖啡味。熟成后的酒香气浓郁、口感粗犷、酒体重。此外，南非也有赤霞珠、梅洛和西拉等国际流行的葡萄品种。

南非种植广泛的白葡萄品种是白诗南（Chenin Blanc），当地称作Steen，所酿葡萄酒带有核果香气，经橡木桶熟化后，带有复杂、浓郁的香气。南非的霞多丽白葡萄酒可与法国勃艮第相媲美；长相思葡萄酒果香浓郁、口感更干、不粗涩，酒体丰厚。

4.澳大利亚

澳大利亚葡萄酒的酿造方式与众不同：除了严格遵循传统酿酒方式外，还采用先进酿造工艺和现代化酿酒设备。澳大利亚葡萄酒侧重于强调地区特色，要求在酒标上需注明酒庄（Winery）、商标（Trade Mark）、年份（Vintage）、酒款系列（The Range）、葡萄品种（Grape Varieties）、葡萄产区（Geographical Indication）、容量（Volume，强制标示于酒瓶正面，字体高度不小于3.3 mm）、生产国（Country of Origin，强制标示Produce of Australia或Australian Wine）、酒精浓度（Alcohol Content，强制标示Standard

Drinks，1 standard drink=10 g酒精，计算方式为容量×酒精浓度×0.789），以及过敏原声明（Allergens Declaration，如二氧化硫（sulphur dioxide）>10 mg/kg，澄清媒介如蛋白、牛奶、鱼胶，非葡萄产生的单宁酸）。

澳大利亚葡萄酒的整体特点是，奔放易饮、酸度中等、单宁细腻、酒体饱满，香气浓郁。不同产区的葡萄酒特点是：

（1）巴罗萨山谷（Barossa Valley）的西拉（通用名称Syrah；澳大利亚称为Shiraz，变译为西拉子）红葡萄酒酒体饱满、果味浓郁。著名的杰卡斯（Jacob's Creek），奔富酒庄（Penfolds Winery）都坐落在这里。

（2）希恩科特（Heathcote）产区的西拉与赤霞珠混酿，酒体更加柔和、饱满。

（3）古纳华拉（Coonawarra）产区的赤霞珠生长在石灰石层和红土上，用成熟期酿成的葡萄酒具有黑色水果和橡木桶的烘烤味，并具有独特的薄荷和桉树叶样清凉感。

（4）克莱尔谷（Clare Valley）的雷司令和猎人谷（Hunter Valley）的赛美蓉葡萄酒也比较有名。

5.新西兰

新西兰位于南半球，纬度与巴黎到非洲北部（涵盖勃艮第、隆河、波尔多等地）相当，但是受海岛型多雨气候影响气温较低。新西兰表现优秀的白葡萄品种是长相思、霞多丽和雷司令，表现突出的红葡萄品种是黑皮诺、赤霞珠和梅洛。

新西兰的长相思葡萄酒具有刚刚割过的青草、芦笋、青椒的香气，最典型的是刺激性的黑醋栗味，常被描述为猫尿味，有着清爽的酸度。北岛的气候温暖，所产葡萄酒香气更偏向水果；南岛气候冷凉，所产葡萄酒的酸度更高，并以马尔堡（Marlborough）的长相思葡萄酒最为有名。

新西兰的黑皮诺葡萄酒带有新鲜的红樱桃香气和丝绸般口感，其中，以中奥塔哥（Central Otago）的黑皮诺葡萄酒最为有名，酒体饱满，带有浓郁的红色水果香气。

6.美国

美国的葡萄酒产量仅次于法国、意大利和西班牙。全国50个州都有生产葡萄酒，但以加利福尼亚州的葡萄酒产量最大，占全国葡萄酒总产量的89%。同时，美国也是新世界葡萄酒生产国中酿酒历史最为波折的一个国家，经历了禁酒令、根瘤蚜虫害等一系列曲折。

加州是美国最主要的葡萄酒产区，南北长约1100 km，多为山地，各子产区所酿葡萄酒的风格各异，以纳帕谷（Napa Valley）的葡萄酒最为有名。美国纳帕谷种植最广泛的红葡萄品种是赤霞珠，所酿葡萄酒具有成熟的黑色水果味，酒体饱满，经过橡木桶陈年之后，变得更加甜美。其次为金粉黛（Zinfandel）葡萄酒，酒体饱满、色泽深浓。

美国加州的白葡萄品种主要是霞多丽和长相思。加州霞多丽葡萄酒具有桃子、香蕉等水果香，以及橡木、榛子和烘烤的气味。在加州，被称作白富美（fume blanc）的长相思葡萄酒，意味着酿酒过程中有橡木干预。

第三节　中国主要葡萄酒产区

中国葡萄酒生产始于汉武帝时期，经历了秦汉年间的禁酒令，极大发展于唐朝，至元代时达鼎盛时期，于清末民国初期建厂，具有悠久历史的主要品牌是"长城"和"张裕"。

一、主栽葡萄品种

中国种植的主要红葡萄品种是赤霞珠（Cabenet Sauvignon）、蛇龙珠（Cabernet Gernischt）、品丽珠（Cabernet Franc），马瑟兰（Marselan）。中国业内又将前三者称为"解百纳"（Cabernet）系列，马瑟兰则是由赤霞珠和歌海娜杂交而得。

中国种植的白葡萄品种主要是霞多丽、贵人香（Italian Riesling，又名意斯林）、龙眼葡萄（中国栽培的古老品种之一）和白玉霓（Ugni Blanc，意大利名Trebbiano Toscano）。

二、主要葡萄酒产区

中国葡萄酒产区主要分布在北纬25°～45°的广阔地带，有着很多各具特色的葡萄酒产地，各个产区的规模较小、分散度高，主要分为东北、渤海湾、黄河三角洲、山西、沙城、银川、武威、吐鲁番、黄河故道、云南高原等产区。各产区的主要特点如下。

1.东北

东北产区以野生山葡萄为主。吉林通化主要生产红葡萄酒；辽宁桓仁则有"黄金冰谷"之美誉，主要用威代尔、雷司令和品丽珠酿造冰酒，所产冰酒带有蜂蜜、杏干和蜜桃风味，口感甜蜜、酸度清爽、酒体饱满、风格优雅。

2.渤海湾

渤海湾产区是我国著名的葡萄酒产区，主要包括华北北半部的昌黎、蓟县丘陵山地、天津滨海区、山东半岛北部丘陵和大泽山。昌黎的赤霞珠，天津滨海区的玫瑰香，山东半岛的霞多丽、贵人香、赤霞珠、品丽珠、蛇龙珠、梅洛、佳利娜、白玉霓等葡萄品种十分有名。山东是中国第一家现代葡萄酒企业——张裕诞生之地。山东烟台素有

"中国葡萄酒之都"的美誉，该地土壤富含矿物质，主要种植蛇龙珠；山东蓬莱地势平缓，主要种植赤霞珠、品丽珠和西拉等国际品种。

3.黄河三角洲

黄河三角洲是指从运城盆地到鸣条岗的葡萄酒产区，位于北纬35°，东经111°。这些地方所产葡萄酒的酒体饱满，果香浓郁。

4.山西

山西产区包括山西汾阳、榆次、清徐的西北山区和太谷区，其中以清徐的龙眼葡萄酒为特色，目前也开始生产赤霞珠和梅洛葡萄酒。

5.沙城

沙城产区包括河北的宣化、涿鹿、怀来，其特色葡萄品种是龙眼和牛奶葡萄，现在也开始生产赤霞珠、梅洛等世界酿酒名种。

6.银川

银川产区是指包括贺兰山东麓在内的广阔冲积平原，地处北纬37°，与法国波尔多处于同一纬度，主栽葡萄品种有赤霞珠、梅洛、马瑟兰，并以马瑟兰为当地特色品种。银川产区是我国葡萄酒规范生产和标准制定推行最快的产区。

7.武威

武威产区是指包括甘肃武威、民勤、古浪、张掖等位于腾格里大沙漠边缘的县市在内的葡萄酒生产区域。这里是中国丝绸之路上的新兴葡萄酒产区。目前已经发展的酿酒葡萄品种主要有梅洛、黑皮诺、霞多丽等。

8.吐鲁番

吐鲁番产区是指包括吐鲁番盆地的鄯善、红柳河在内的葡萄酒产区。这些产区生产的赤霞珠、梅洛、歌海娜、西拉、柔丁香等酿酒葡萄的糖度高，但酸度低、香味不足，酿成的干酒质量欠佳，但甜葡萄酒具有西域特色，品质较好。

9.黄河故道

黄河故道产区是指包括安徽萧县，河南兰考、民权等县在内的葡萄酒产区，主要种植赤霞珠等晚熟品种。

10.云南高原

云南高原产区是指包括云南高原海拔1500 m的弥勒、东川、永仁和川滇交界处金沙江畔的攀枝花在内的葡萄酒产区，主要种植玫瑰蜜（Rose Honey）、赤霞珠、霞多丽等葡萄品种。

第十章　葡萄酒真伪与优劣的判断

随着经济发展和人民生活水平的提高，葡萄酒越来越多地走入人们的日常生活。如何正确地选择性价比高的葡萄酒和如何辨别葡萄酒的品质优劣成为消费者和葡萄酒收藏爱好者面临的实际问题。在了解与掌握葡萄酒相关知识和品鉴技能的基础上，结合实际情况进行综合分析，就可以正确地评判葡萄酒的真伪与品质。

第一节　葡萄酒伪劣的主要类型

葡萄酒造假并不是现代工业才有的产物。早在英国战争年代，葡萄牙就曾出现过严重的波特酒造假事件；在根瘤蚜虫害时期，法国、意大利的很多商家用苹果酿造香槟，用野梅制造波尔多葡萄酒；在美国的禁酒令时期，劣质酒严重泛滥。随着高档葡萄酒市场和酿酒技术的蓬勃发展，葡萄酒的假冒伪劣产品和技术层出不穷，制假售假现象突出。

葡萄酒的假冒伪劣行为严重损害了行业和市场的健康发展。任何假冒、掺假的行为都有违市场规则。所有与酒标内容不符的葡萄酒，都属于假酒。目前报道的葡萄酒假冒伪劣行为主要有原料造假、年份造假、产区造假、名庄酒造假等几种类型。

1.原料造假

美国的禁酒令时期，曾出现用葡萄干、葡萄汁，以及劣质葡萄酿造葡萄酒，并假冒法国名人或名酒庄，出售自己葡萄酒的造假事件。

据报道，20世纪90年代，中国市场上曾出现用酒精、香精、糖精和色素勾兑成"葡萄酒"的制假行为。这种"酒"不经发酵，只是不同成分的直接混合，饮用时比较刺鼻，各成分间相互分离，无层次感和余味，经常会有一丝甜感。一些无良商家还在这些勾兑液中加入蔗糖、工业单宁、人工色素、甘油、橡木粉、增稠剂和防腐剂等添加物。长期服用这种假酒，会因为摄入过多人工色素和化学添加剂而危害健康，甚至提高致癌风险。

随着时代变迁和人们对葡萄酒认知度的提高，这种假酒在市场上已经十分少见，但是在一些偏远地区依然存在。

2.年份造假

好年份的葡萄比较稀少，用其酿成的葡萄酒价格很贵。造假者通常会用年份不好，或者便宜的酒庄酒，调配成昂贵的好年份名庄酒，从中牟取暴利。

据调查，市场上容易被假冒的法国年份酒主要有1921年的波美侯产区柏图斯酒庄（Chateau Petrus）的干红葡萄酒、1924年波亚克村的木桐酒庄（Mouton Rothschild）的红葡萄酒、1947年的圣埃美隆（Saint-Emilion）产区白马酒庄（Chateau Cheval Blanc）的葡萄酒以及1952年份勃艮第罗曼尼·康帝拉塔希园（Domaine de La Romanee-Conti La Tache）的干红葡萄酒。

3.产区造假

这类造假行为主要是从本国其他产区或者国外进口散装酒，将生产地标注为自己酒厂的所在地；或者从国外进口散装酒，在国内灌装，标注产地为国外优质产区，或者冒充国外原瓶进口。

例如，2017年的波尔多假酒大案中，波尔多的某大酒商从法国南部产区朗格多克拉回大批原酒，灌装后贴上波尔多的标签进行出售。其中涉及的有大区级AOC、超级波尔多、小产区AOC，以及多个村庄级AOC（右岸的波美侯及左岸的玛歌、波亚克、圣朱利安等）。

4.名庄酒造假

"罗曼尼·康帝""拉菲""拉图"和"奔富"等名庄酒也是很多不法分子的造假对象。他们有些是制作"以次充好"的假酒；有些是将品质较低的葡萄酒直接贴上高端品牌酒的标签，甚至是原装标签出售。例如，在奔富BIN2酒上贴BIN389的酒标，在拉菲传奇酒上贴拉菲古堡的酒标。还有一些是从各地收集名庄酒的酒瓶，直接灌装低劣的葡萄酒出售。

第二节　评判葡萄酒真伪的主要指标

辨别葡萄酒掺假的准确方法是，分析酒中特定的理化指标，将其与真正产地酒的指纹图谱进行对比，从而判断其真实性。例如，通过分析葡萄酒中乙醇的碳稳定同位素含量，可以鉴别出添加C_4植物糖或用工业乙醇勾兑的掺假酒；通过分析葡萄酒中

δ（^{18}O），可以判别葡萄酒中是否掺水；通过分析酒中C、H、O的同位素比值，可以判断出是否在葡萄酒中添加了丙三醇；根据超高效液相色谱（UHPLC）和电喷雾离子化四级杆飞行时间（ESI-Q-TOF）质谱分析，以及多元统计分析等，可以鉴别出葡萄酒的年份和产区等信息。

然而，这些方法需要依赖于仪器测定，所需时间长、成本高，并不适用于普通消费者。普通消费者只能依靠国家法规、平台/渠道等多重专业力量组成的系统，以及结合自己掌握的相关知识和技能来判别酒质优劣。其中，正规的平台和渠道是国家法规的重点监管对象。因此，从正规渠道购买葡萄酒的保障性会更高一些。

此外，普通消费者也可以从以下方面对拟购买的葡萄酒做出初步判断。

一、酒标

酒标是瓶中酒的档案，记录了瓶中所装酒的品种、年份、产区和酒庄等信息。酒标的设计也能体现这款酒的风格。在开瓶前，认真阅读酒标，特别是价格昂贵的名庄酒或年份酒，需要看其酒标印刷是否清晰，并与可靠来源的酒标进行比对，看其是否存在仿冒翻印，仔细分辨高防伪的标签。

首先，对于进口葡萄酒，可以看酒瓶背面标签上的国际条形码是否正确。例如，中国的条码开头是69，法国是30～37，西班牙是84等。

其次，可以利用根据法定产区和法定葡萄品种来判断手中的葡萄酒是否为假酒。以波尔多为例，法律规定的波尔多红葡萄品种是：赤霞珠、梅洛、品丽珠、小维多、马尔贝克、佳美娜。只有用这6种葡萄品种酿造的葡萄酒才能在酒标上标明"波尔多"，如有不符，则为假酒（见图10-1）。

此外，根据我国《食品安全法》及《进出口食品标签管理办法》相关规定，进口的预包装食品还应当有中文标签、中文说明书。标签内容不仅要与外文内容完全相同，还必须包括以下几项：食品名称，原产国家或地区，商品生产日期、保质期、贮藏指南、制造、包装、分装或经销单位的名称和地址，及其在中国国内的总经销商的名称和地址等信息。如果中文标签与外文标签内容不符，或者信息不全，则为假酒（见图10-2）。

图10-1　仿造的假酒（左）和正品酒（右）

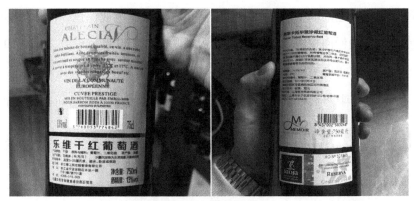

图10-2　进口葡萄酒背标及中文酒标：法国（左）和西班牙（右）

二、酒塞

1.检查封口

开瓶时，检查酒瓶的封盖有没有打开过的痕迹，以及瓶盖封口处有无漏酒痕迹。如果有，则为假酒。

2.检查酒瓶帽

检查酒瓶帽（即瓶子顶端的保护性箔套），看它是否和商标完全匹配。通过这些内容，可以看出葡萄酒年份的相关信息。箔套的设计应该与该酒在装瓶时期生产酒庄的风格一致。粗制滥造的假酒往往是在老瓶上加了新的箔套。

3.检查软木塞

如果软木塞的中间有孔，则说明它曾在另一个瓶子上用过，可以断定其为假酒。

看酒塞的新旧程度：一般陈年时间越长，酒塞被酒液浸染的程度越深。如果一瓶老酒没有经过换塞处理，开瓶后的酒塞却是崭新的，而且弹性和柔性很好，就可判断是假酒。

酒塞内容：对于名庄酒，碰到酒塞信息与酒标不符，或者酒塞不印年份等情况，也可以判断是假酒。例如，一瓶奔富BIN389，酒塞却是BIN128。

然而，现在的造假技术非常高超，酒标、酒塞等都能做到以假乱真。想要买到一瓶真正的好酒，还需要观其色泽、闻其香气、尝其真味。

4.观察酒的颜色

红葡萄酒的外观应该是澄亮透明、色泽鲜艳，在酸性条件下呈现紫红色，而在碱性条件下呈现蓝绿色。如果是用酒精、香精、糖精和人工色素勾兑成的假酒，则其颜色在遇到酸或碱时不会产生变化。

但需要说明的是，即使是真正的葡萄酒，红葡萄酒的色泽也会慢慢由深变浅，从年轻时的紫色、紫红色逐渐向橙色发展，最后甚至变成砖红色或棕色；白葡萄酒的色泽则会从浅绿或者黄色慢慢向棕色发展，老酒的边缘和中间都会变成橙色（见图10-3）。因此，如果一款老酒的颜色呈现新鲜的紫红色，则可以判断其为假酒。

红葡萄酒陈年过程中的颜色变化　　　　　　　　　　　　　白葡萄酒陈年过程中的颜色变化

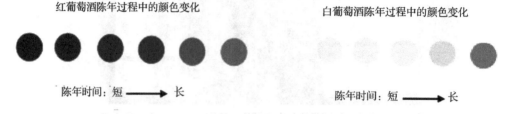

陈年时间：短 ——→ 长　　　　　　　　　　　　陈年时间：短 ——→ 长

图10-3　葡萄酒颜色随陈年时间的变化

此外，葡萄酒的颜色还与其所用葡萄品种有关（见图10-4）。比如，意大利皮埃蒙特（Piemonte）巴罗洛（Barolo）产区只用内比奥罗（Nebbiolo）葡萄品种，而蒙塔奇诺的布鲁奈罗（Brunello di Montalcino）产区只用桑娇维塞（Sangiovese）葡萄品种酿酒。用这两个葡萄品种酿成的葡萄酒通常都是偏浅的石榴红或者砖红色，不会像赤霞珠那样为深紫色。如果酒瓶上标注的是这两个产区，但是酒液颜色却是鲜艳的宝石红色，就可以判定为假酒。

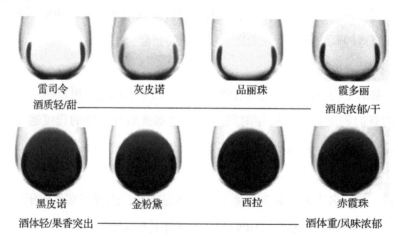

雷司令　　　　灰皮诺　　　　品丽珠　　　　霞多丽
酒质轻/甜 ——————————————————— 酒质浓郁/干

黑皮诺　　　　金粉黛　　　　西拉　　　　赤霞珠
酒体轻/果香突出 ————————————— 酒体重/风味浓郁

图10-4　不同葡萄品种对应的葡萄酒颜色

三、香气

优质的葡萄酒应该是香气平衡、协调、幽雅，各种香气融为一体，给人愉悦的感觉。如果有指甲油般呛人的气味，或者让人感觉难受的香精气息，那可能是勾兑的假酒。

此外，葡萄酒的香气应该与酿酒时用的葡萄品种、酿造方法和陈酿方式相一致。如果是用单一葡萄品种酿造的葡萄酒，酒液的香气与品种的特征香气不符，如标注赤霞珠的葡萄酒有黑皮诺的皮革味，则可以推测其在葡萄品种方面有假；如果一款标注陈年的葡萄酒，却没有橡木、焙烤、香料的味道，则该酒可能是在年份方面有假。

四、滋味

一款优质的葡萄酒，尤其是价格不菲的名酒，一定是酒体平衡、丰满、口感舒畅，有层次感和结构感，余味绵长。如果标注名庄酒，却明显有某一味感过于突出，酒体平衡感差，余味较短，则可能是在名庄酒方面有假。

第三节　评判葡萄酒优劣的主要依据

市场上的葡萄酒种类繁多，产地各异，质量良莠不齐，如何才能选到好酒？如何判断一款葡萄酒的品质优劣？实际上，由于每个人的口味偏好各异，葡萄酒的评判指标也没有量化标准，主要依赖于个人的主观感觉。由此会导致，一个人眼里的优质酒款，在别人眼里却没那么优秀。为了更为客观地评价不同酒款的质量，我们需要遵循共同的评判体系和标准。

一些权威的评酒家或者葡萄酒杂志会参考一些评分系统，从外观、香气、风味、总体感觉或陈年潜力等多个方面对葡萄酒进行品鉴，然后给出一定的等级推荐，以供酒商和消费者参考，从而方便消费者选购。但是，如果拟购买的酒款并未参与评分，消费者则可以从以下几个角度对葡萄酒的优劣做出初步评判。

一、酒标

葡萄酒标签中标注内容的完整性，可以直接反映这款酒是否为原产地直供，从而对酒的品质与特点作出初步预判。酒标上标注的产地名蕴藏着许多信息。常见的代表性酒标内容如图10-5～图10-10所示。

图10-5　新西兰酒标

图10-6　法国波尔多葡萄酒的酒标

图中①为瓶装地点，②为酒庄名称，③为葡萄酒类型，④为酒庄城堡图像，⑤为葡萄的采摘年份，⑥为列级信息，⑦为酒庄所在的产区，⑧为波尔多法定产区名称（AOC）/子产区，⑨为葡萄酒中酒精含量，⑩为生产商名称，⑪为酒瓶的容量

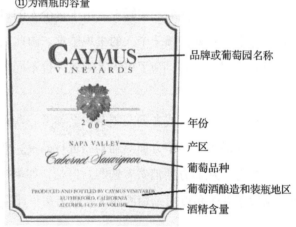

品牌或葡萄园名称

年份

产区

葡萄品种

葡萄酒酿造和装瓶地区

酒精含量

酒庄品牌

酒款系列
葡萄品种
产区

酒款系列介绍
生产商创立年份
容量

图10-7　澳洲酒标

图10-8　美国酒标

图10-9　智利酒标

品牌商标

葡萄酒品牌

葡萄品种
年份
产区
生产国

图10-10　南非酒标

二、酒塞

1.检查酒塞

当酒塞的外观已经有肉眼可见的异样，如酒塞破损、酒塞下降，甚至酒塞掉落等现

象时，说明酒质问题已经比较严重。如果有这些情况发生，葡萄酒的品质就会发生直线下降。

2.检查软木塞

（1）木塞污染。打开酒瓶，如果软木塞有发霉现象（见图10-11），并不能说明酒质不好。然而，如果软木塞上污染了三氯苯甲醚（TCA，软木塞中的天然真菌与酒庄卫生系统和杀菌过程中的氯化物相互接触和反应后的产物），软木塞上既不会有霉斑，也不会有明显的污染味道，但是瓶中的酒一定是有缺陷的。

图10-11　发霉的木塞

污染严重的葡萄酒会有霉味、湿纸板、湿报纸，或者陈旧、潮湿的地下室味道。轻度污染的葡萄酒可能无法察觉这些气味，但是会有无花香和果香、口味寡淡等现象。

（2）木塞的质地。通常而言，使用天然软木塞的酒款，品质相对较高。这是因为，天然软木塞有很多气孔，有利于葡萄酒成熟，因此一般用于高档酒。用碎屑粘合起来的碎木塞不容易漏酒，适合于酒的长途运输，一般用于普通和中档葡萄酒；高分子合成塞的密闭性差，用于保存时限不长的普通酒（见图10-12）。

通常情况下，好酒都会选用好塞子；但是，选用好塞子的不一定都是好酒。还需要从酒的色泽、香气和滋味等方面进行综合评判。

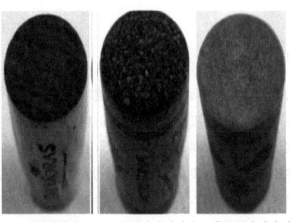

图10-12　天然软木塞（左）、碎木塞（中）、高分子合成塞（右）

（3）木塞中酒液的位置。观察酒液在木塞中的位置，也有助于判断葡萄酒的优劣。葡萄酒在存放时，需要平放、倒放和倾斜放等方式，使木塞和酒液接触，起到密封、抗菌、防止氧化等作用。开瓶后，如果发现木塞接触酒的一面没有酒液，则说明酒瓶一直是竖直存放的，基本上可以断定酒液已经被严重氧化，是一瓶劣质酒；如果酒液已经渗透到木塞的瓶口部分，则可能是木塞渗漏，酒也已经坏了。

三、葡萄酒的颜色

如前所述，葡萄酒的颜色主要与葡萄品种、年份，以及葡萄皮的浸渍时间有关。

对于红葡萄酒，如果酒液边缘为紫红色，说明其酒体非常年轻；为宝石红色，说明酒款已经存放一段时间，但依然十分年轻；呈石榴红色，则代表此酒已经达到了成熟的巅峰时期；为砖红色，则表示酒龄较长，但酒中各因素依然均衡；呈棕色，则意味着酒款已经过了其巅峰期。虽然如此，一些陈年能力强的红葡萄酒在转变为棕色后，仍然适宜饮用。

对于白葡萄酒，酒液为青柠色，说明此酒非常年轻；为柠檬色，说明其酒龄适中；为琥珀色，表示酒款已经氧化，质量下降。

健康的葡萄酒应该澄清、透亮、悦目，有光泽，并且其颜色与年份和葡萄品种相符，给人的第一感觉好；如果酒液中有絮状混浊、云团，带蓝色，说明酒款已经变坏；如果酒液呈现出与其年份不符的颜色，如年轻的红葡萄酒呈现茶褐色，说明酒款已经发生了过度氧化，质量劣变。

此外，葡萄酒的颜色还应该与其所用葡萄品种的特征颜色相符。如赤霞珠和西拉本来就能为葡萄酒提供浓厚、稳定的色泽，如果一款年轻的赤霞珠葡萄酒的颜色很浅，则其质量有缺陷的可能性很大，可能是二氧化硫用量过大，漂白了酒的颜色，或者是酒液发生了过早氧化。

四、葡萄酒的香气

葡萄酒的香气与葡萄品种、酵母种类、酿造工艺、陈酿时间等有关。香气的浓度、复杂度、特征等能在一定程度上反应葡萄酒的质量信息。

优质的葡萄酒应该呈现葡萄品种的特征性香气（比如，赤霞珠的青椒味，黑皮诺的樱桃味，霞多丽的热带水果味）、发酵的酒香（酵母的香气），以及陈酿的醇香（橡木桶陈酿及瓶内陈酿过程中形成的香气特征，主要有花香、果香、辛香料香、动物香、矿物香、焙烤香等）。而且，这些香气应该相互平衡、协调，融为一体，整体香气幽雅，给人愉悦的感觉。对于酒香复杂度的判断，则需要经过专业的葡萄酒气味训练才能掌握。需要使用一系列的标准化香气标本（俗称"酒鼻子"），训练评酒者对不同香气的分辨度和辨识能力（见图10-13）。

图10-13　市售法国酒鼻子

如果一款葡萄酒只有果味，香气简单，不具备随着陈年时间的演变能力，这款酒适合立即饮用；如果一款葡萄酒有三四种味道，就可以认为其品质良好；如果一款酒有十种以上的香气，且香气会随着时间的延长而不断改变，那么它就是多面的、起伏的、有趣的，就是一款非常出色的葡萄酒。

如果葡萄酒有湿纸板、发霉的地下室气味，说明软木塞受到了三氯苯甲醚（TCA）污染；如果有刺鼻醋味、洗甲水和强力胶的气味，可能酒液被醋酸菌污染了；如果有过熟的苹果、玉米气味，说明葡萄酒发生了过度氧化，产生了大量乙醛；如果有臭鸡蛋或者划火柴的气味，可能是因为二氧化硫的添加量过大。

五、滋味

如果一款葡萄酒在颜色、气味等方面不存在缺陷，就可以从浓郁度、平衡性、余味、典型性等方面对这款酒进行整体评价。

1.香气和风味的浓郁度

葡萄酒香气的浓郁度通常与酿酒用葡萄品种和酿造方式有关，可分为嗅觉浓度和味觉浓度。浓郁度高，说明酒的结构精妙、风味丰富，酒质通常也会较好。

鉴别浓郁度的方法是：举杯至胸前，轻闻酒的香气，如果能闻到明显的酒香，则说明香气浓郁；入口后，如果感觉到酒的活力十足，可口怡人，就是浓郁度高的葡萄酒。

如果葡萄酒的风味十分浓郁，说明其果味丰富，而且集中。这可能是因为酿酒中使用了优质的葡萄品种，并采用严格的酿造方法来保持其品种特色。

2.风味的平衡性

不同风味间的平衡性是所有酿酒师所追求的，却令品尝者头痛，因为它不容易量化，比较感性。同时，由于不同地区所产葡萄酒的风格迥异，平衡感也就会有所区别。

关于葡萄酒平衡性最简单的理解就是，酸味、甜味、单宁的涩感、酒精味等和谐共处。如果某一种感觉过于突出，就会影响葡萄酒的平衡。橡木味盖过其他气味，或是酒精味超过果味，都是口感不平衡的表现；饮用时如果喉咙部有明显的灼烧感，就说明酒精度过高，酒中的果味和酒体不足以与之平衡。这些都是风味平衡性不好的表现。

此外，酒的香气和酒体间也要达到很好的平衡：如果一款酒的风格简单，主要以清爽的果香为主，其单宁含量就不应该过高，否则会带来不适口的干涩感；但是，如果一款红葡萄酒的风格复杂、适合陈年，则丰富且成熟的单宁是必不可少的。

3.余味

余味是指葡萄酒在吞下或吐出之后，味道在口中的持续时间。这种感觉能够反映出一款酒的结构层次是否复杂。

优质的葡萄酒通常余味较长、令人愉悦、层次复杂。余味能持续20～30 s的酒就称得上好酒；余味能持续45 s以上，就可以评价为风味浓郁。

但需要说明的是，余味长并不代表葡萄酒的质量高。有些葡萄酒的余味很长，但是却粗糙、干涩，酸度过高，不愉悦的感受挥之不去。这种感觉比没有余味更难接受。因此，"余味悠长"只有在余味能够让人愉悦的前提下，才是正面的评价。

综上所述，优质的葡萄酒应该是酒体澄清透彻，色泽亮丽，香味细腻、柔和、复杂、纯正，果味、单宁、酒精、酸度、甘油、糖分均衡，酒体丰满、完整，口感舒畅愉悦，有层次感和结构感，余味优雅绵长。

第四节　正确选酒的原则

葡萄酒的种类与风味繁多，特点各异。不同葡萄酒的适饮季节和人群也不相同。在相应的季节里选择合适的酒种，根据饮用目的和口味爱好选择合适的酒款，才能更好地享受葡萄酒带来的美好与愉悦。因此，人们在选酒时需要考虑以下几个方面。

一、酒品是否合格

一款合格的葡萄酒应该满足以下条件。

1. 外观合格

首先，葡萄酒瓶的外观应该是澄清透明、有光泽的。好的酒瓶多呈深棕色、墨绿色，目的是防止瓶内的葡萄酒发生光照氧化。其次，在光照充足的条件下，口感厚重的红葡萄酒的颜色偏深，色泽偏向绸缎色；口感轻盈的红葡萄酒的色泽透亮、有反光，偏桃红色。

2. 年份合格

如果不是经典佳酿，普通葡萄酒的适饮期一般是2～3年（从酒瓶上标注的年份算起）内饮用比较好。市场上80%的葡萄酒属于这类。

购买年代久远或价格昂贵的葡萄酒时，最好在拥有酒窖、贮藏室的商店购买。葡萄酒的贮藏状态应该是倾斜45°摆放，环境阴凉、透风且避光。在超市购买时不要选择在灯光直射下的葡萄酒，而要选择放在恒温酒柜里的酒。

可以通过酒液的液面高度判断葡萄酒的状态，具体情况如表10-1所示。

表10-1 酒液在酒瓶中的位置与酒的状态间的关系

酒液在酒瓶中的位置	酒的状态
软木塞底部	为正常的液面高度；如果在开瓶前就有液面上升情况，需要特别注意
瓶颈/瓶肩最上部	若是年轻的酒，应是容量不足
瓶肩上部	若是15～20年前的酒，属于自然挥发；若是30年以上的高级酒，液面也会降低至此高度
瓶肩中部	如果不是软木塞损坏，说明其为长期陈年的葡萄酒
瓶肩下部	无论年份多老，液面降至此高度时，说明酒瓶的软木塞受损，酒液早已酸化
瓶肩以下	酒液已经氧化，可能已经酸到无法饮用的地步

二、饮酒的季节

出于健康考虑，应该在不同季节饮用不同的酒种。否则，会对健康不利。不同季节适宜饮用的酒种如表10-2所示。

表10-2 根据季节选择葡萄酒

季节	葡萄酒的选择
春季	初春时，饮用成熟的红葡萄酒，晚春时饮用半干和半甜白葡萄酒；不宜饮用酒精度大于13.5°和新酿的红葡萄酒，以及味道涩重的红葡萄酒和酸度高的白葡萄酒

续表

季节	葡萄酒的选择
夏季	适合饮用白葡萄酒、粉红葡萄酒、起泡葡萄酒，可以给人带来清凉、爽净的感觉，同时有开胃作用
秋季	适宜饮用起泡酒、干白、半干、半甜和甜酒：起泡酒和白葡萄酒有开胃生津和助消化作用，可减轻脾胃负担；甜味葡萄酒有润肺作用；半干型酒、白葡萄酒和甜酒有抗燥气和润肺作用；甜葡萄酒搭配月饼进食，有助于化解月饼的油腻感
冬季	适宜饮用酒精度高、酒体丰满的红葡萄酒，有暖身、通经络、去油腻、助消化等作用；红葡萄酒与羊肉、大鱼和大肉搭配进食，有助于消化肉食。但是，冬季不宜饮用白葡萄酒、起泡葡萄酒、粉红葡萄酒

三、饮酒目的

饮酒的目的不同，选用的葡萄酒种类也应该有所区别。具体如表10-3所示。

表10-3　根据饮酒目的选择葡萄酒

饮酒目的	葡萄酒的选择
自己饮用	适宜选用性价比高的酒种，可以求助导购，也可以购买每月的特价酒，性价比较高些
养生	夏天饮用口感清爽的干白、起泡酒、桃红葡萄酒，冬天饮用风味浓郁的干红，有助于增加热量和御寒
预防和治疗心脑血管疾病	价格适中，产自智利、阿根廷、南非、澳大利亚的干红葡萄酒，其中的生理功效成分含量较高
佐餐	根据菜肴的口味，选择与其风味协调的酒种。搭配蔬菜、水产品、小炒猪肉、鸡肉选用桃红葡萄酒、起泡酒和干白葡萄酒；搭配牛羊肉选择干红葡萄酒；搭配甜点选择甜型葡萄酒
品牌	可以参考评酒家的相关评述结果进行选酒。通常评酒家会写一些指南，只有好酒或者性价比好的酒才能入选，其中还会有搭配菜肴的建议
个人喜好	选择自己最喜欢的酒种和酒款。旧世界葡萄酒生产国的葡萄酒通常会具有复杂的香味，强烈的单宁，酒体厚重绵长，给人带来多层次的口感体验；新世界葡萄酒生产国的葡萄酒更多的是突出葡萄品种的特点，果香浓郁，口感轻盈，酒体新鲜。选择红葡萄酒时，注意赤霞珠、西拉、内比奥罗的单宁含量高；黑皮诺、歌海娜、金粉黛的单宁含量低；梅洛的单宁含量中等偏低水平；如果不喜爱喝涩味重的葡萄酒，可以选择单宁含量较低的桃红葡萄酒、白葡萄酒、甜酒、起泡酒
产地或产区	注重产地或产区时，一是应选择经典或优质产区出产的葡萄酒，二是选择高单宁、高酸度的有陈年潜力的葡萄酒。通常而言，品种相同，来自温暖地区的葡萄酒通常酸度低、酒精度高、单宁柔和

四、葡萄酒的陈年潜力评判

了解一款葡萄酒的陈年潜力，有利于指导消费者在最佳适饮期内饮用葡萄酒，也有助于消费者选用陈年潜力好的葡萄酒进行保藏，达到增值目的。评判一款葡萄酒陈年潜力的主要依据可总结如表10-4所示。

表10-4 评价葡萄酒陈年潜力

评价指标	判断原则
单宁质量	单宁重的酒通常耐陈年。但是如果红葡萄酒中的单宁很涩，涩味重到发苦，喝起来像碰到沙子的葡萄酒质量并不好；口感像丝绸、丝绒般的单宁才是好单宁
酸度	耐陈年的白葡萄酒都具有较高的酸度。酸度是决定白葡萄酒能否陈年的决定性因素；红葡萄酒的陈年潜力则同时取决于单宁和酸度
酒体	酒体厚重的酒比酒体轻薄的酒更耐陈年，酒体太薄的酒基本不具备陈年潜质
酒精度	酒精度低于12%的葡萄酒基本没有陈年潜质，旧世界葡萄酒生产国的葡萄酒中酒精度如果大于12%，通常有陈年潜质。但是，气温较高的年份所产葡萄酒的酒精度较高，但陈年潜力并不一定好
糖分	糖分高是葡萄酒耐陈年的重要标志。好的贵腐甜酒比波尔多顶级红葡萄酒更能耐陈年
矿物质味	针对白葡萄酒而言，丰富的矿物质味有助于白葡萄酒的陈年
橡木味	橡木味也是葡萄酒耐陈年的重要标志
回味	通常而言，葡萄酒的回味越长，酒质越好，也越耐陈年。甜酒回味通常会比所有干酒回味长，成熟红葡萄酒回味会比新鲜葡萄酒的回味更长

附录　本书中葡萄品种的中英文对照

赤霞珠	Cabernet Sauvignon
梅洛	Merlot
蛇龙珠	Cabernet Gernischt
品丽珠	Cabernet Franc
马瑟兰	Marselan
歌海娜	Grenache
西拉	Syrah，Shiraz
内比奥罗	Nebbiolo1
黑皮诺	Pinot Noir
金粉黛	Zinfandel
霞多丽	Chardonnay
贵人香，又名意斯林	Italian Riesling
白玉霓	Ugni Blang，意大利语 Trebbiano Toscano
威代尔	Vidal
雷司令	Riesling
玫瑰蜜	Rose Honey

参考文献

[1] 全国食品工业标准化技术委员会酿酒分技术委员会. GB 15037—2006 葡萄酒[S]. 北京：中国标准出版社，2006.

[2] 全国酿酒标准化委员会. GB/T 25504—2010 冰葡萄酒[S]. 北京：中国标准出版社，2011.

[3] 全国酿酒标准化委员会. GB/T 11856—2008 白兰地[S]. 北京：中国标准出版社，2008.

[4] 全国酿酒标准化委员会. GB/T 17204—2021 饮料酒术语和分类[S]. 北京：中国标准出版社，2021.

[5] 全国酿酒标准化委员会. GB 4927—2008 啤酒[S]. 北京：中国标准出版社，2008.

[6] 全国酿酒标准化委员会. GB/T 13662—2018 黄酒[S]. 北京：中国标准出版社，2018.

[7] 全国酿酒标准化委员会. QB/T 5476—2020 果酒通用技术要求[S]. 北京：中国标准出版社，2020.

[8] 全国酿酒标准化委员会. GB/T 23546—2009 奶酒[S]. 北京：中国标准出版社，2009.

[9] 全国白酒标准化委员会. GB/T 26760—2011 酱香型白酒[S]. 北京：中国标准出版社，2011.

[10] 全国食品发酵标准化中心. GB/T 10781.1—2006 浓香型白酒[S]. 北京：中国标准出版社，2006.

[11] 全国食品发酵标准化中心. GB/T 10781.2—2006 清香型白酒[S]. 北京：中国标准出版社，2006.

[12] 全国食品发酵标准化中心. GB/T 10781.3—2006 米香型白酒[S]. 北京：中国标准出版社，2006.

[13] 全国酿酒标准化委员会. GB/T 11857—2008 威士忌[S]. 北京：中国标准出版社，2008.

[14] 全国酿酒标准化委员会. GB/T 11858—2008 伏特加(俄得克)[S]. 北京：中国标准出版

社，2008.

[15] 全国酿酒标准化委员会. QB/T 5333-2018 朗姆酒[S]. 北京：中国标准出版社，2018.

[16] 奥利维. 世界葡萄酒百科全书[M]. 邓欣雨，译. 北京：中国轻工业出版社，2017.

[17] 博伊斯. 酿造优质葡萄酒[M]. 马会勤，邵学东，陈尚武，译. 北京：中国农业大学出版社，2018.

[18] 奥兹. 葡萄酒史八千年：从酒神巴克斯到波尔多[M]. 李文良，译. 北京：中国画报出版社，2017.

[19] 蔡建. 产区间酿酒葡萄及葡萄酒花色苷特征研究[D]. 北京：中国农业大学，2016.

[20] 迪迪埃. 杯酒人生：葡萄酒的历史[M]. 梁同正，译. 北京：中信出版集团，2020.

[21] 丁健芳. 法国香槟酒背后的故事[J]. 世界文化，2013（8）：33-36.

[22] 董晓敏. 葡萄籽原花青素的提取、抑菌活性及其对鸡肉保鲜研究[D]. 济南：齐鲁工业大学，2015.

[23] 杜慧娟. 初夏，醉意邂逅长相思葡萄酒[J]. 中国葡萄酒，2012（6）：100-112.

[24] 范朝斌. 穿越时间的醇美：葡萄酒简史[M]. 北京：商务印书馆，2019.

[25] 范天鹏. 俄罗斯伏特加的起源[J]. 酿酒，2004，31（4）：2-3.

[26] 傅金泉. 中国黄酒的起源及其传统技术[J]. 中国酿造，1991（3）：2-10.

[27] 富隆葡萄酒文化中心. 葡萄酒名庄[M]. 北京：中国轻工业出版社，2012.

[28] 古贺守. 葡萄酒的世界史[M]. 杨晓钟，张阿敏，译. 西安：陕西人民出版社，2020.

[29] 郭明浩. 葡萄酒这点事[M]. 长沙：湖南文艺出版社，2017.

[30] 韩富亮，李杨，李记明，等. 红葡萄酒花色苷结构和颜色的关系研究进展[J]. 食品与生物技术学报，2011，30（3）：328-336.

[31] 何静仁，邝敏杰，齐敏玉，等. 吡喃花色苷类衍生物家族的研究进展[J]. 食品科学，2015，36（7）：228-234.

[32] 何英霞，李霁昕，胡妍芸，等. 酿造工艺对蛇龙珠干红葡萄酒花色苷和色泽品质的影响[J]. 食品工业科技，2016，37（9）：190-194.

[33] 胡朝辉，尹艳，岳强. 酿酒酵母甘露糖蛋白的研究进展[J]. 酿酒，2007，34（4）：64-66.

[34] 吉彦杰. 中国黄酒文化的起源[J]. 科学之友（上半月），2014（7）：19.

[35] 凯文. 世界葡萄酒全书[M]. 黄渭然，王臻，译. 32版. 海口：南海出版公司，2017.

[36] 乐小凤，唐永红，鞠延仑，等. "霞多丽"葡萄果粒大小对果实品质的影响[J]. 食品科学，2018，39（21）：31-38.

[37] 李琪，李广，金丽琼，等. HPLC法测定甘肃地产不同品种酿酒葡萄中的花色苷[J]. 中国酿造，2014，33（3）：132–136.

[38] 李景明，于静，吴继红，等. 不同酵母发酵的赤霞珠干红葡萄酒香气成分研究[J]. 食品科学，2009，30（2）：185–189.

[39] 李华. 起泡葡萄酒的国际标准[J]. 酿酒，1992（1）：58–61.

[40] 李华. 葡萄酒品尝学[M]. 北京：中国青年出版社，1992.

[41] 李华. 现代葡萄酒工艺学[M]. 西安：陕西人民出版社，2000.

[42] 李华，王华，郭安鹊，等. 葡萄酒品尝学[M]. 2版. 北京：科学出版社，2022.

[43] 李华，王华，袁春龙，等. 葡萄酒工艺学[M]. 北京：科学出版社，2007.

[44] 李前隽. 贵腐酒：葡萄酒中之王[J]. 生命世界，2018（4）：38–41.

[45] 李双石，苏宁，吴志明，等. 不同酿酒酵母发酵对红葡萄酒中花色苷组成的影响[J]. 食品与发酵工业，2012，38（11）：4.

[46] 李艳松，文良娟. 果胶酶对葡萄酒酿制过程中甲醇含量的影响[J]. 食品工业，2012（9）：17–20.

[47] 林裕森. 葡萄酒全书[M]. 北京：中信出版集团，2017.

[48] 刘春艳，张静，李栋梅，等. 葡萄酒风味物质研究进展[J]. 食品工业科技，2017，38（14）：310–313.

[49] 刘延琳，惠竹梅，张振文. 优良白葡萄酒品种简介[J]. 酿酒，2002，29（5）：10–12.

[50] 卢钰，董现义，杜景平，等. 花色苷研究进展[J]. 山东农业大学学报（自然科学版），2004，35（2）：315–320.

[51] 朴美子，滕刚，李静媛. 葡萄酒工艺学[M]. 北京：化学工业出版社，2020.

[52] 邱迪文. 香槟和起泡葡萄酒[J]. 中外食品：酒尚，2006（10）：124–127.

[53] 邵学东，王作仁. 利用对葡萄香气评定来检测葡萄的成熟度[J]. 中外葡萄与葡萄酒，2002（4）：57–58.

[54] 思雨. 白葡萄酒之王：雷司令[J]. 酒世界，2011（12）：74–75.

[55] 宋英珲. 蓬莱不同生态种植区葡萄与葡萄酒特性研究[D]. 泰安：山东农业大学，2017.

[56] 孙建霞，张燕，胡小松，等. 花色苷的结构稳定性与降解机制研究进展[J]. 中国农业科学，2009，42（3）：996–1008.

[57] 王方，王树生. 葡萄酒中的香味物质的来源[J]. 中外葡萄与葡萄酒，2005（5）：50–51.

[58] 王华，宁小刚，杨平，等. 葡萄酒的古文明世界、旧世界与新世界[J]. 西北农林科技大学学报（社会科学版），2016，16（6）：150-153.

[59] 王宏. 宁夏干红葡萄酒陈酿过程中酚类物质及颜色的变化规律研究[D]. 银川：宁夏大学，2015.

[60] 温可睿，黄敬寒，潘秋红，等. 葡萄香气物质及其影响因素的研究进展[J]. 果树学报，2012，3：454-460.

[61] 吴书仙. 葡萄酒一本通[M]. 上海：上海人民出版集团，2012.

[62] 吴振鹏. 葡萄酒百科[M]. 北京：中国纺织出版社，2015.

[63] 约翰逊. 葡萄酒的故事[M]. 程芸，译. 北京：中信出版集团，2017.

[64] 谢丽琪. 进口葡萄酒检验与真伪鉴别[M]. 北京：化学工业出版社，2015.

[65] 杨玲秀，薛秀兰. 瓶内发酵法酿制起泡葡萄酒的研究[J]. 食品与发酵工业，1990（6）：28-33.

[66] 杨美景，陈向民，李艳. 酵母对葡萄酒挥发性物质影响的研究进展[J]. 中外葡萄与葡萄酒，2009（9）：73-76.

[67] 杨四杰. 发酵前添加橡木制品对干红葡萄酒颜色的影响分析[J]. 科技创新与应用，2019，35：64-65.

[68] 尹卓容. 起泡葡萄酒的命名及有关法规[J]. 葡萄栽培与酿酒，1995（04）：35-37.

[69] 塔特索尔，德萨勒. 葡萄酒的自然史[M]. 乐艳娜，译. 重庆：重庆大学出版社，2018.

[70] 岳泰新. 不同生态区酿酒葡萄与葡萄酒品质的研究[D]. 杨凌：西北农林科技大学，2016.

[71] 米格拉维斯. 中国，葡萄酒新贵[M]. 钱峰，译. 青岛：青岛出版社，2014.

[72] 张明霞，吴玉文，段长青. 葡萄与葡萄酒香气物质研究进展[J]. 中国农业科学，2008，41（7）：2098-2104.

[73] 张丽霞. 黑莓花色苷降解与辅色及抗氧化活性研究[D]. 南京：南京农业大学，2012.

[74] 张文学，赖登燡，余有贵. 中国酒概述[M]. 北京：化学工业出版社，2011.

[75] 张雅茹，侯旭杰. 葡萄酒香气成分研究进展[J]. 北方园艺，2016（7）：186-189.

[76] 张艳芳，魏冬梅. 红葡萄浸渍特性的研究[J]. 酿酒科技，2012（4）：72.

[77] 张玉君. 原花青素白藜芦醇与葡萄籽油复合物的降脂作用研究[D]. 乌鲁木齐：新疆农业大学，2017.

[78] 郑青. 不同陈酿年份、葡萄品种及葡萄产地葡萄酒香气成分的研究[D]. 南昌：南昌

大学，2015.

[79] 周继亘，杨学山，祝霞，等. 不同浸渍工艺对赤霞珠干红葡萄酒香气的影响[J]. 食品与生物技术学报，2019，234（9）：56-59.

[80] ANDREA C. New perspectives in safety and quality enhancement of wine through selection of yeasts based on the parietal adsorption activity[J]. Int J Food Microbiol, 2007, 120(1/2):167-172.

[81] ATANASOVA V, FULCRAND H, CHEYNIER V, et al. Effect of oxygenation on polyphenol changes occurring in the course of wine-making[J]. Anal Chim ACTA, 2002,458(1): 15-27.

[82] BAGCHI D, BAGCHI M, STOHS S J, et al. Free radicals and grape seed proanthocyanidin extract: importance in human health and disease prevention[J]. Toxicology, 2000,148(2/3): 187-197.

[83] BANINI A E, BOYD L C, ALLEN J C, et al. Muscadine grape products intake, diet and blood constituents of non-diabetic and type 2 diabetic subjects[J]. Nutrition, 2006, 22(11/12): 1137-1145.

[84] BENBOUGUERRA N, HORNEDO-ORTEGA R, GARCIA F, et al. Stilbenes in grape berries and wine and their potential role as anti-obesity agents: a review[J]. Trends Food Sci Tech, 2021,112: 362-381.

[85] CAIMI G, CAROLLO C, PRESTI R L. Diabetes mellitus: oxidative stress and wine[J]. Curr Med Red Res Opin, 2003,19(7): 581-586.

[86] CEJUDO-BA STANTE M J, HERMOSIN-GUTIERREZ I, PEREZ-COELLO M S. Micro-oxygenation and oak chip treatments of red wines: Effects on colour-related phenolics, volatile composition and sensory characteristics[J]. Food Chem, 2011,124(3): 738-748.

[87] CHATTERJEE K, MUKHERJEE S, VANMANEN J, et al. Dietary polyphenols, resveratrol and pterostilbene exhibit antitumor activity on an HPV E6-positive cervical cancer model: an in vitro and in vivo analysis II [J]. Front Oncol, 2019,9: 352.

[88] CHEN M, YU S. Lipophilic grape seed proanthocyanidin exerts anti-proliferative and pro-apoptotic effects on PC3 human prostate cancer cells and suppresses PC3 xenograft tumor growth in vivo[J]. J Agr Food Chem, 2018,67(1): 229-235.

[89] CHEN Y, ZHANG W, HE Y, et al. Microbial community composition and its role in

volatile compound formation during the spontaneous fermentation of ice wine made from Vidal grapes[J]. Process Biochem, 2011, 92: 365−377.

[90] DAI H, LI M, YANG W, et al. Resveratrol inhibits the malignant progression of hepatocellular carcinoma via MARCH1-induced regulation of PTEN/AKT signaling[J]. Aging (Albany NY), 2022, 12(12): 11717−11731.

[91] DE LA IGLESIA R, MILAGRO F I, CAMPIÓN J, et al. Healthy properties of proanthocyanidins[J]. Biofactors, 2010,36(3): 159−168.

[92] DE GAETANO G, DE CURTIS A, DI CASTELNUOVO A, et al. Antithrombotic effect of polyphenols in experimental models: a mechanism of reduced vascular risk by moderate wine consumption[J]. Ann Ny Acad Sci, 2022, 957(1): 174−188.

[93] DI CASTELNUOVO A, ROTONDO S, IACOVIELLO L, et al. Meta-analysis of wine and beer consumption in relation to vascular risk[J]. Circulation, 2002, 105(24): 2836−2844.

[94] DOHADWALA M M, VITA J A. Grapes and cardiovascular disease[J]. J Nutr, 2009,139(9): 1788S−1793S.

[95] FREITAS V D, MATEUS N. Formation of pyranoanthocyanins in red wines: a new and diverse class of anthocyanin derivatives[J]. Anal Bioanal Chem, 2011,401(5):1463−73.

[96] GIOVINAZZO G, INGROSSO I, PARADISO A, et al. Resveratrol biosynthesis: plant metabolic engineering for nutritional improvement of food[J]. Plant Food Hum Nutr, 2012, 67(3): 191−199.

[97] GUIFORD J M, PEZZUTO J M. Wine and health: A review[J]. Am J Enol Viticult, 2011,62: 471−486.

[98] GUILLOUX-BENATIER M, CHASSAGNE D, ALEXANDRE H, et al. Influence of yeast autolysis after alcoholic fermentation on the development of Brettanomyces/Dekkera in wine[J]. J Int Sci Vigne Vin, 2011, 35(3):157−164.

[99] HOWARD A A, ARNSTEN J H, GOUREVITCH M N. Effect of alcohol consumption on diabetes mellitus: a systematic review[J]. Ann Intern Med, 2004, 140(3): 211−219.

[100] KAR P, LAIGHT D, ROOPRAI H K, et al. Effects of grape seed extract in Type 2 diabetic subjects at high cardiovascular risk: a double blind randomized placebo controlled trial examining metabolic markers, vascular tone, inflammation, oxidative stress and insulin sensitivity[J]. Diabetic Med, 2009, 26(5): 526−531.

[101] LANCON A, KAMINSKI J, TILI E, et al. Control of microRNA expression as a new

way for resveratrol to deliver its beneficial effects[J]. J Agr Food Chem, 2012, 60(36): 8783–8789.

[102] LEIGHTON F, MIRANDA-ROTTMANN S, URQUIAGA I. A central role of eNOS in the protective effect of wine against metabolic syndrome[J]. Cell Biochem Funct, 2006, 24: 291–298.

[103] MARIA, JESÚS, CEJUDO-BASTANTE, et al. Improvement of Cencibel red wines by oxygen addition after malolactic fermentation: Study on color-related phenolics, volatile composition, and sensory characteristics[J]. J Agr Food Chem, 2012, 60(23): 59,62–73.

[104] MEI Y Z, LIU R X, WANG D P, et al. Biocatalysis and biotransformation of resveratrol in microorganisms[J]. Biotechnol Lett, 2015,37(1): 9–18.

[105] MOINI H, RIMBACH G, PACKER L. Molecular aspects of procyanidin biological activity: disease preventative and therapeutic potentials[J]. Drug Metabol Drug Interact, 2000, 17(1-4): 237-259.

[106] MORATA A C, GÓMEZ-CORDOVÉS M, SUBERVIOLA J, et al. Adsorption of anthocyanins by yeast cell walls during the fermentation of red wines[J]. J Agr Food Chem, 2003, 51(14):4084–4088.

[107] OPIE L H, LECOUR S. The red wine hypothesis: from concepts to protective signalling molecules[J]. Eur Heart J, 2007, 28(14): 1683–1693.

[108] PÉREZ-SERRADILLA J A, LUQUE DE CASTRO M D, PÉREZ-SERRADILLA J A, et al. Role of lees in wine production: A review[J]. Food Chem, 2008,2:447–456.

[109] POUR NIKFARDJAM MS, MARK L, AVAR P, et al. Polyphenols, anthocyanins, and trans-resveratrol in red wines from the Hungarian Villány region[J]. Food Chem, 2006,3: 453–462.

[110] RITCHEY J G, WATERHOUSE A L. A standard red wine: Monomeric phenolic analysis of commercial Cabernet Sauvignon wines[J]. Am J Enol Viticult, 1999, 50: 91–100.

[111] SCHULLER D, CASAL M. The use of genetically modified Saccharomyces cerevisiae strains in the wine industry[J]. Appl Microbiol and Biot, 2005, 68(3):292–304.

[112] SHI J, HE M, CAO J, et al. The comparative analysis of the potential relationship between resveratrol and stilbene synthase gene family in the development stages of grapes (Vitis quinquangularis and Vitis vinifera) [J]. Plant Physiol Bioch: PPB, 2014, 74: 24–32.

[113] STYGER G, PRIOR B, BAUER F F. Wine flavor and aroma[J]. J Ind Microbiol Biot,2011, 38(9):1145.

[114] VASSEROT Y, CAILLETS S, MAUJEAN A. Study of anthocyanin adsorption by yeast lees. Effect of some physicochemical parameters[J]. Am J Enol Viticult,1997, 48(4): 433-437.

[115] VERDURA S, CUYÀS E, CORTADA E, et al. Resveratrol targets PD-L1 glycosylation and dimerization to enhance antitumor T-cell immunity[J]. Aging, 2020, 12(1): 8-34.

[116] WATERHOUSE A L, SACKS G L, JEFFERY D W. Understanding wine chemistry[M]. Wiley, 2016.

[117] WIRTH J, CAILLE S, SOUQUET J M, et al. Impact of post-bottling oxygen exposure on the sensory characteristics and phenolic composition of Grenache rose wines[J]. Food Chem, 2012, 132(4): 1861-1871.

[118] WU J, GUAN Y, ZHONG Q. Yeast mannoproteins improve thermal stability of anthocyanins at pH 7.0[J]. Food Chem, 2015, 172: 121-128.

[119] XIONG H S, CHENG J, JIANG S, et al. The antitumor effect of resveratrol on nasopharyngeal carcinoma cells[J]. Front Biosci (Landmark Ed), 2019(24): 961-970.

[120] ZAMORA F. Wine safety, consumer preference, and human health[M]. Switzerland: Springer, 2016.

[121] ZHANG L, CHEN J, LIAO H, et al. Anti-inflammatory effect of lipophilic grape seed proanthocyanidin in RAW 264.7 cells and a zebrafish model[J]. J Funct Foods, 2020, 75: 104217.

[122] ZAVA A, SEBASTIÃO P J, Catarino S.Wine traceability and authenticity: approaches for geographical origin, variety and vintage assessment[J]. Ciência e Técnica Vitivinícola, 2020,35(2): 133-147.